Ernst Probst

Raubdinosaurier in Bayern

Von Archaeopteryx
bis zu Sciurumimus

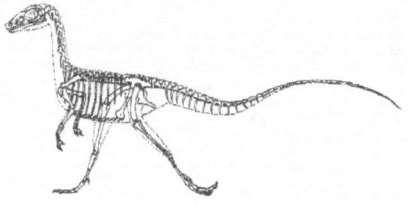

Widmung

*Den Paläontologen und Raubdinosaurier-Experten
Professor Dr. Oliver Walter Mischa Rauhut, München,
Dr. habil. Ursula Göhlich, Wien,
Dr. Christian Foth, Freiburg/Schweiz,
Dr. h. c. rer. nat. Helmut Tischlinger, Stammham,
gewidmet*

Impressum:
Raubdinosaurier in Bayern
1. Auflage als Print-Buch: Oktober 2019
Autor: Ernst Probst
Im See 11, 55246 Mainz-Kostheim
Telefon: 06134/21152
E-Mail: ernst.probst (at) gmx.de
Herstellung: Amazon Distribution GmbH, Leipzig
Alle Rechte vorbehalten
ISBN: 978-1-698-05588-6

Gemälde „Archaeopteryx"
des Berliner Tiermalers Heinrich Harder (1858–1935).
Illustration zu einem Artikel
des Schriftstellers Wilhelm Bölsche (1861–1939)
in der Zeitschrift „Die Gartenlaube" von 1906

„Blatt No. 26" mit dem Titel „Compsognathus longipes
A. Wagn. (Zierschnabel)" aus der Serie 1 „Tiere der Urwelt" (1902)
mit 30 Bildern von prähistorischen Fischen, Amphibien, Reptilien,
Vögeln und Säugetieren. Diese Serie erschien damals im „Verlag
Kakao Compagnie Theodor Reichardt G.m.b.H., Wandsbek".
Wer der Künstler namens „F. John" war, der diese Bilder schuf,
weiß man leider nicht mehr. Seine Rekonstruktionen urzeitlicher Tiere
und die ursprünglichen Erklärungen hierzu gelten heute teilweise
als überholt.

Vorwort

Als das Buch „Dinosaurier in Deutschland" (1993) von Ernst Probst und Raymund Windolf (1953–2010) erschien, wurde darin nur ein einziger Raubdinosaurier aus Bayern erwähnt. Nämlich der 1858 in einem Steinbruch in Kelheim oder bei Jachenhausen nahe Riedenburg entdeckte truthuhngroße *Compsognathus longipes* („Langbeiniger Zartkiefer"). Doch in 31 Jahren von 1993 bis 2024 hat sich das Bild drastisch geändert. Laut dem Taschenbuch „Raubdinosaurier in Bayern" von Ernst Probst sind inzwischen im Freistaat 18 Raubdinosaurier durch ganze Skelette, Teile von solchen und eine Einzelfeder nach-gewiesen. Bei 14 dieser Funde handelt es sich um flugfähige Urvögel der Arten *Archaeopteryx lithographica* und *Alcmonavis poeschli,* die man heute als Raubdinosaurier betrachtet. Die übrigen vier Raubdinosaurier sind kleine flugunfähige Reptilien mit und ohne Federn. Sie heißen *Compsognathus longipes, Juravenator starki, Sciurumimus albersdoerferi* und *Ostromia crassipes.* Die Erstbeschreiber der bayerischen Raubdinosaurier – wie Hermann von Meyer, Andreas Wagner, Oliver Walter Mischa Rauhut, Christian Foth, Peter Wellnhofer, Ursula B. Göhlich, Luis M. Chiappe, Helmut Tischlinger und Mark A. Norell – werden in Wort und oft auch mit Bild vorgestellt.

Inhalt

Vorwort / Seite 5
Ostromia crassipes / Seite 9
Hermann von Meyer / Seite 23
John H. Ostrom / Seite 33
Oliver Rauhut / Seite 37
Christian Foth / Seite 41
Urvogel-Funde aus Bayern / Seite 44
Abdruck einer Feder / Seite 47
1. Exemplar: „Londoner Exemplar" / Seite 55
Richard Owen / Seite 61
2. Exemplar: „Berliner Exemplar" / Seite 65
Wilhelm Dames / Seite 73
3. Exemplar: „Maxberg-Exemplar" / Seite 75
Florian Heller / Seite 79
4. Exemplar: Die falsche *Archaeopteryx* / Seite 81
5. Exemplar: „Eichstätter Exemplar" / Seite 85
Franz Xaver Mayr / Seite 91
6. Exemplar: „Solnhofener Exemplar" / Seite 95
Günter Viohl / Seite 98
7. Exemplar: „Münchener Exemplar" / Seite 101
Peter Wellnhofer / Seite 105
8. Exemplar: „Daitinger Exemplar" / Seite 109
Matthias Mäuser / Seite 113

9. Exemplar: „Exemplar der Familien Ottmann & Steil" / Seite 117
Martin Röper / Seite 121
10. Exemplar: „Thermopolis-Exemplar" / Seite 125
Stefan Peters / Seite 129
Burkhard Pohl / Seite 131
Scott Hartman / Seite 135
Gerald Mayr / Seite 137
11. Exemplar: „Altmühl-Exemplar" / Seite 139
12. Exemplar: „Schamhauptener Exempar" / Seite 143
13. Exemplar: *Alcmonavis poeschli* / Seite 147
Compsognathus longipes / Seite 151
Joseph Oberndorfer / Seite 161
Andreas Wagner / Seite 165
Juravenator starki / Seite 171
Ursula B. Göhlich / Seite 175
Luis Chiappe / Seite 179
Sciurumimus albersdoerferi / Seite 181
Helmut Tischlinger / Seite 187
Mark Norell / Seite 191
14. Exemplar: „Chicago-*Archaeopteryx*" / Seite 193
Dinosaurier in Deutschland / Seite 195
Literatur / Seite 199
Der Autor / Seite 217
Bücher von Ernst Probst / Seite 218

Das „Teylers Museum" in Haarlem ist der älteste Museumsbau der Niederlande. In diesem geschichtsträchtigen Museum wird das 1855 entdeckte „Haarlemer Exemplar" aufbewahrt, das heute als Raubdinosaurier Ostromia crassipes gilt.
Foto: Donaldytong / CC-BY-SA3.0 (via Wikimedia Commons).
lizensiert unter Creative-Commons-Lizenz by-sa-3.0-de
http://creativecommons.org/licenses/by-sa/3.0/legalcode

Ostromia crassipes

Erst seit 2017 ist bekannt, dass in der Oberjurazeit vor etwa 150 Millionen Jahren im Bereich des Solnhofener Archipels in Bayern ein weiterer kleiner Raubdinosaurier namens *Ostromia crassipes* lebte. Vorher kannte man aus dieser Gegend bereits die Raubdinosaurier *Compsognathus longipes* (1859 erstmals beschrieben), *Archaeopteryx lithographica* (1861), *Juravenator starki* (2006) und *Sciurumimus albersdoerferi* (2012). Der Urvogel *Archaeopteryx lithographica* galt früher als Übergangsform zwischen Reptilien und Vögeln. Heute betrachtet man ihn als einen flugfähigen, vogelähnlichen Raubtierfußdinosaurier (Theropoden) an der Basis der Linie der Vogelartigen (Avialae).

Bevor man die wahre Natur des *Ostromia*-Fundes erkannte, haben sich wiederholt bedeutende Wirbeltierpaläontologen bei der Identifizierung geirrt.

Bereits 1855 wurde in einem Steinbruch bei Jachenhausen unweit von Riedenburg (Niederbayern) ein Raubdinosaurier entdeckt, aber nicht als solcher erkannt. Dabei handelte es sich um ein fragmentarisch erhaltenes Skelett ohne Kopf auf zwei Platten. Der damals führende deutsche Wirbeltierpaläontologe Hermann von Meyer (1801–1869) in Frankfurt am Main beschrieb dieses Fossil 1857 kurz und deutete es irrtümlich als Kurzschwanz-Flugsaurier, den er *Pterodactylus crassipes* nannte. Den Artnamen *crassipes* (Dickfuß) wählte er wegen der dicken Füße des Fossils. 1859 veröffentlichte Meyer eine genauere Beschreibung. 1860 verkaufte er den Fund an das „Teylers Museum" in der niederländischen Stadt Haarlem.

Das „Teylers Museum" gilt als der älteste Museumsbau der Niederlande. Es ist nach Pieter Teyler van der Hulst (1702–1778), dem begüterten Eigentümer einer Seidenspinnerei, be-

Raubdinosaurier Ostromia crassipes aus einem Steinbruch bei Jachenhausen unweit von Riedenburg (Niederbayern) im „Teylers Museum" in Haarlem (Niederlande). Dieses Fossil wurde als Kurzschwanz-Flugsaurier, Langschwanz-Flugsaurier und Urvogel Archaeopteryx fehlgedeutet. Foto: Ghedoghedo / CC-BY-SA4.0 (via Wikimedia Commons), lizensiert unter Creative-Commons-Lizenz by-sa-4.0, https://creativecommons.org/licenses/by-sa/4.0/legalcode

Blick in den „Ovalen Saal" des „Teylers Museum"
in Haarlem (Niederlande).
Foto: Teylers Museum / CC-BY-SA3.0 NL
(via Wikimedia Commons),
lizensiert unter Creative-Commons-Lizenz by-sa-3.0-en,
https://creativecommons.org/licenses/by-sa/3.0/nl/legalcode

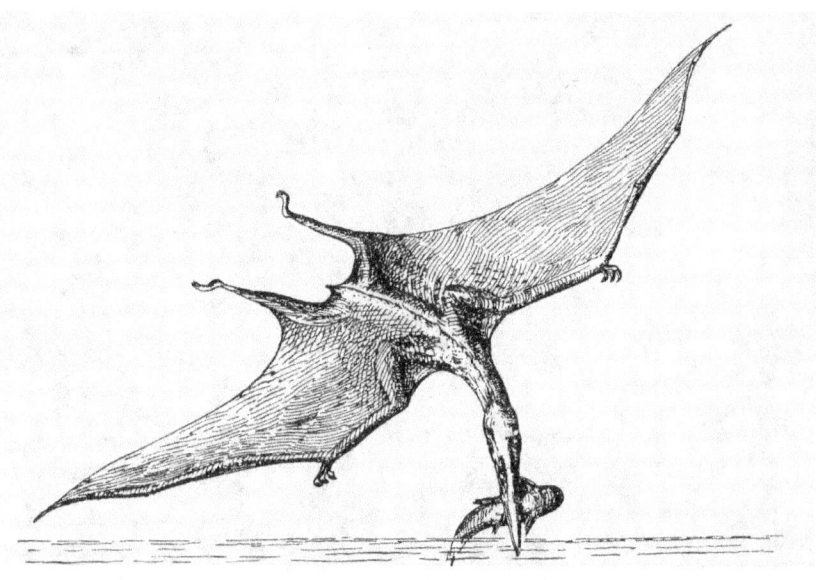

Rekonstruktionen eines Kurzschwanz-Flugsauriers (oben) von 1919
und eines Langschwanz-Flugsauriers (unten) von 1920
nach dem österreichischen Paläontologen Othenio Abel (1875–1946)

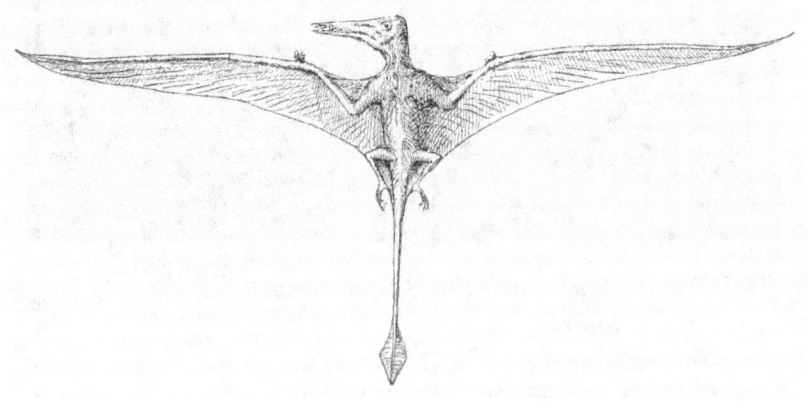

nannt. Dieser hatte 1778, als er kinderlos starb, sein Vermögen einer Stiftung hinterlassen, die seinen Namen tragen und der Förderung der christlichen Religion sowie der Kunst und den Wissenschaften für die Allgemeinheit dienen sollte. Bereits zwei Jahre nach seinem Tod wurde 1780 neben seinem ehemaligen Wohnhaus der Grundstein für einen Museumsbau gelegt, der im Kern bis heute erhalten blieb. Das „Mineralogisch-Paläontologische Kabinett" des „Teylers Museum" erwarb unter anderem viele Solnhofener Fossilien wie Insekten, Tintenfische, Krebse, Fische und Flugsaurier. Im „Teylers Museum" war der Fund aus Jachenhausen („Haarlemer Exemplar") mit der Inventarnummer „TM 6928" über ein Jahrhundert lang unter falschem Namen als Flugsaurier ausgestellt. 1966 untersuchte der 30jährige Paläontologe Peter Wellnhofer, der 1964 an der Münchener „Ludwig-Maximilians-Universität" promoviert hatte, im „Teylers Museum" gründlich das Fossil aus Jachenhausen. Dabei gewann er die Überzeugung, es handle sich nicht um einen Kurzschwanz-Flugsaurier (Pterodactyloidea) der Art *Pterodactylus crassipes*, sondern um einen seltenen Langschwanz-Flugsaurier (Rhamphorhynchoidea) der Art *Scaphognathus crassipes*. Dies berichtete er 1970 in seinem Werk „Die Pterodactylen (Pterosauria) der Oberjura-Plattenkalke Süddeutschlands". Er glaubte, die kurze Mittelhand (Metacarpus), der lange Mittelfuß (Metatarsus), die Form des Beutelknochens Praepubis) und die auffallend großen Krallen an Händen und Füßen erlaubten es, den Fund bei Jachenhausen den Langschwanz-Flugsauriern einzugliedern. Wellnhofer war zunächst Konservator der „Bayerischen Staatssammlung für Paläontologie und Geologie", später Hauptkonservator und stellvertretender Direktor der Staatssammlung. Er entwickelte sich zu einem der besten Kenner von Flugsauriern und Urvögeln. Auf einer Internetseite der „Frankfurter Allgemeinen Zeitung" über *Ostromia* war 2017 fälschlicherweise statt

Lebensbild des Raubdinosauriers Ostromia crassipes.
Bild: Mariolanzas / CC-BY-SA4.0 (via Wikimedia Commons),
lizensiert unter Creative-Commons-Lizenz by-sa-4.0,
https://creativecommons.org/licenses/by-sa/4.0/legalcode

von einem Langschwanz-Flugsaurier von einem „Langhals-Flugsaurier" die Rede.
Am 8. September 1970 nahm der amerikanische Wirbeltierpaläontologe John H. Ostrom (1928–2005) im „Teylers Museum" den angeblichen Flugsaurier aus Jachenhausen genau in Augenschein. Ihm erschienen die Knochen der Hinterbeine für einen kurzschwänzigen Flugsaurier der Gattung *Pterodactylus* zu kräftig. Außerdem erkannte er bei schräger Beleuchtung schwache Federeindrücke. Nach Vergleichen mit Urvogel-Funden war ihm klar, dass es sich bei dem in Haarlem aufbewahrten Fossil nach damaligem Kenntnisstand um eine *Archaeopteryx* handeln müsse. Nach den Prioritätsregeln bei der Benennung von Fossilien hätte der 1861 von Hermann von Meyer geprägte Artname *lithographica* durch den bereits 1857 von ihm vorgeschlagenen älteren Artnamen *crassipes* ersetzt werden müssen. Doch dank des energischen Einsatzes von John H. Ostrom wurde dies verhindert. Beim „Haarlemer Exemplar" sind Knochen oder Abdrücke der linken Hand und des Unterarmes, des Beckens, beider Hinterbeine und Füße sowie einige Bauchrippen erhalten. Weil dieses Fossil erst 1970 als *Archaeopteryx* identifiziert wurde, bezeichnet man es als 4. Exemplar, obwohl es – damals gesehen – eigentlich der erste Fund war.
2017 warteten die deutschen Paläontologen Oliver Walter Mischa Rauhut und Christian Foth in der Fachzeitschrift „BMC Evolutionary Biology" nach einer taxonomischen Untersuchung mit der überraschenden Erkenntnis auf, das 1855 bei Jachenhausen gefundene Teilskelett unterscheide sich von *Archaeopteryx*. Der am „Department für Geo- und Umweltwissenschaften" der „Ludwig-Maximilans-Universität München" sowie an der „Bayerischen Staatssammlung für Paläontologie und Geologie" in München tätige Paläontologe Rauhut erklärte: „Es ist keiner der berühmten Urvögel". Stattdessen

*Skelettrekonstruktion des Raubdinosauriers Ostromia crassipes.
Bild: Jaime A. Headden (User Qilong) /
https://www.deviantart.com/qilong/art/The-Many-Archaeopteryx-
24468274 / CC-BY-SA3.0 (via Wikimedia Commons),
lizensiert unter Creative-Commons-Lizenz by-sa-3.0,
https://creativecommons.org/licenses/by/3.0/legalcode*

gehöre das Fossil aus Jachenhausen zu einer Gruppe vogelähnlicher Raubdinosaurier, nämlich den Anchiornithiden, die vor wenigen Jahren erstmals in China identifiziert wurden. Bei den Anchiornithiden handelt es sich um eher kleine vogelähnliche Raubdinosaurier mit Federn an Armen und Beinen. Sie haben ein geologisch noch höheres Alter als Urvögel der Gattung *Archaeopteryx*. Laut Rauhut gilt das Fossil aus Jachenhausen als der erste Nachweis dieser Gruppe außerhalb von China und in Europa. Es sei eine noch größere Rarität als die Funde von *Archaeopteryx*.

Die Erstbeschreibung der ungefähr taubengroßen Gattung *Anchiornis* („Nahe bei den Vögeln") aus der Oberjurazeit vor etwa 163,5 bis 157,3 Millionen Jahren erfolgte 2009 durch den chinesischen Paläontologen Xu Xing und andere Autoren. Sie beruht auf einem unvollständigen Fossil, das in der Tiaojishan-Formation in Jianchang in der chinesischen Provinz Liaoning gefunden wurde. Mittlerweile liegen Hunderte von Skeletten vor. Der kleine vogelähnliche Dinosaurier *Anchiornis huxleyi* trug gut entwickelte Federn an Armen und Beinen. Seine Beinfedern sind Federhosen und zeigen keinerlei aerodynamische Anpassungen.

„Unsere biogeographische Analyse zeigt, dass die ganze Gruppe der den Vögeln nahestehenden Raubsaurier aus Ostasien kommt – alle geologisch ältesten Funde stammen aus China. Im Zuge ihrer Expansion in Richtung Westen haben sie auch das Solnhofener Archipel erreicht", erklärte der damals am „Staatlichen Museum für Naturkunde Stuttgart" arbeitende Paläontologe Christian Foth. Der als *Archaeopteryx* verkannte Raubsaurier gehöre zu den ersten Ankömmlingen seiner Gruppe in Europa.

Anders als *Archaeopteryx* konnten die Anchiornithiden nicht fliegen. Deshalb kamen sie möglicherweise nicht viel weiter, heißt es. Überreste von *Archaeopteryx* entdeckte man bisher

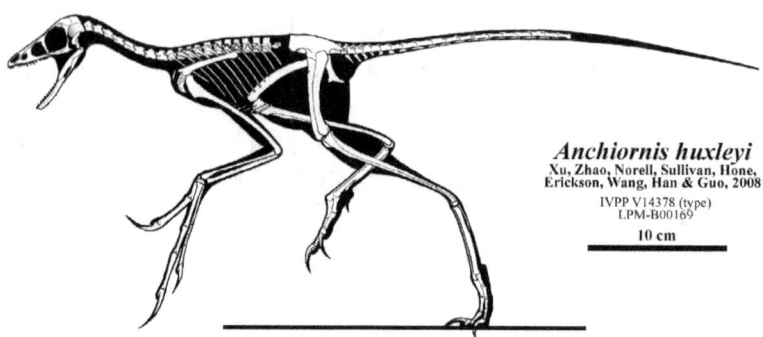

Skelettrekonstruktion von Anchiornis huxleyi.
Zeichnung: Jaime A. Headden (User Qilong) /
https://www.deviantart.com/qilong/art/The-Essence-of-Huxley-
160904197 / CC-BY3.0 (via Wikimedia Commons),
lizensiert unter Creative-Commons-Lizenz by-3.0,
https://creativecommons.org/licenses/by/3.0/legalcode

Lebensbild des Raubdinosauriers Anchiornis huxleyi.
Zeichnung: Matt Martiniuk / CC-BY3.0 (via Wikimedia Commons)
lizensiert unter Creative-Commons-Lizenz by-3.0,
https://creativecommons.org/licenses/by/3.0/legalcode

nur im westlichen Plattenkalk nahe des damals offenen Meeres, wo sie wahrscheinlich auf kleineren Inseln lebten.
Die Paläontologen Rauhut und Foth gaben dem Raubsaurier aus Jachenhausen den neuen wissenschaftlichen Namen *Ostromia crassipes*. Mit dem Gattungsnamen *Ostromia* ehrten sie den amerikanischen Wirbeltierpaläontologen John H. Ostrom, der dieses Fossil in den 1970er Jahren erstmals als *Archaeopteryx* und somit als Raubdinosaurier identifizierte. Nach Ansicht von Ostrom sind die urzeitlichen und heutigen Vögel gefiederte Raubdinosaurier.
Zu Lebzeiten von *Ostromia* und anderer Raubdinosaurier in der Oberjurazeit vor ungefähr 150 Millionen Jahren bedeckte ein flaches Meer das Gebiet von Bayern. Dabei handelte es sich um den nördlichen Ausläufer des Urmittelmeeres Tethys. Das tiefe, offene Meer befand sich viel weiter südlich im heutigen Alpenraum. Die Alpen entstanden erst später durch den Zusammenstoß der Kontinente Afrika und Europa. Der *Ostromia*-Fundort Jachenhausen lag im Solnhofener Archipel im Altmühltal. In dieser bis zu 100 Kilometer langen und 40 Kilometer breiten Region hat man Urvögel und andere Raubdinosaurier sowie Flugsaurier entdeckt. Das Solnhofener Archipel war eine subtropische Landschaft mit kleinen Inseln, blauen Lagunen, vor allem aus Kalkschwämmen und Korallen gebildeten Riffen sowie Vertiefungen (Wannen). In den Vertiefungen verdunstete das Wasser, reicherte sich Salz an und bildete sich feiner Kalkschlamm. Im stark übersalzenen Wasser existierten keine Bodenlebewesen, die auf den Wannenboden geschwemmte Tierleichen zersetzen hätten können. Dies bewirkte, dass im Kalkstein ungewöhnlich gut erhaltene Fossilien eingebettet wurden.

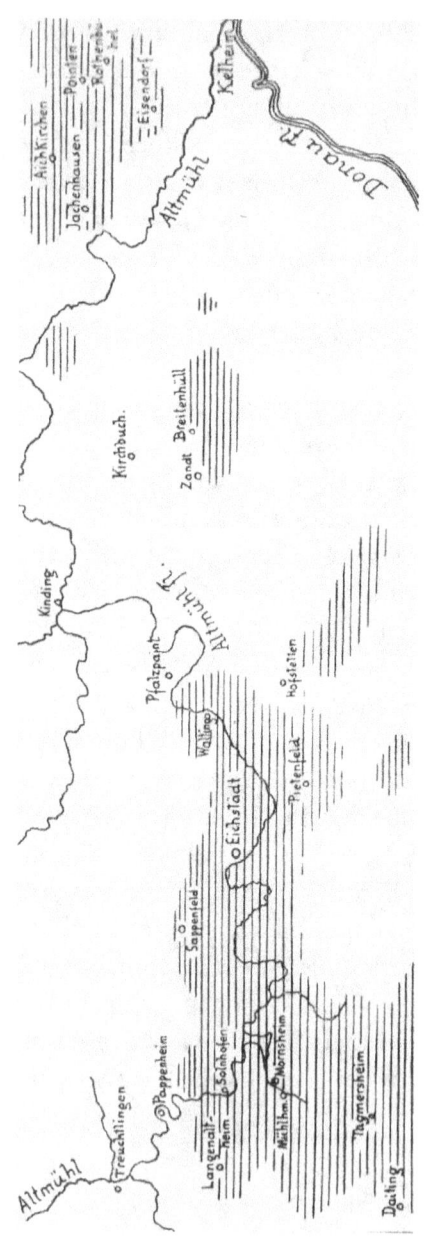

Verbreitung der Plattenkalke aus dem Oberen Jura und wichtige Fossilienfundorte im Altmühltal in Bayern. Zeichnung aus Othenio Abel (1875–1946): „Lebensbilder aus der Tierwelt der Vorzeit", 2. Auflage, Jena (1927)

Steinbruch der Johann Stiegler KG in Solnhofen (Mittelfranken).
Foto: E. Rosen,
mit Genehmigung der Johann Stiegler KG, Solnhofen
(via Wikimedia Commons),
Lizenz: gemeinfrei (Public domain)

*Frankfurter Wirbeltierpaläontologe
Hermann von Meyer (1801–1869).
Bild: Lithographie von C. J. Allemagne von 1837*

Hermann von Meyer

Der Frankfurter Forscher Hermann von Meyer, der 1857 den Raubdinosaurier *Ostromia crassipes* als Flugsaurier verkannte, gilt als der bedeutendste deutsche Wirbeltierpaläontologe des 19. Jahrhunderts. Nicht wenige halten ihn sogar für bedeutender als den französischen Gelehrten Georges Cuvier (1769–1832), der als Begründer der Wirbeltierpaläontologie angesehen wird.
Christian Erich Hermann von Meyer – so sein vollständiger Name – kam am 3. September 1801 in Frankfurt am Main zur Welt. Er war der Sohn des evangelischen Theologen, Juristen und Politikers Johann Friedrich von Meyer (1772–1849) und dessen Ehefrau Maria Magdalena Franziska, geborene Zwackh (1780–1849). Wegen einer Bibelübersetzung von 1819 wurde der Vater als „Bibel-Meyer" bekannt. Er fungierte dreimal (1825, 1839, 1843) jeweils ein Jahr lang als „Älterer Bürgermeister" der „Freien Stadt Frankfurt". Der „Ältere Bürgermeister" hatte den Vorsitz im Senat, war Chef der auswärtigen Beziehungen und des Militärwesens sowie das amtierende Staatsoberhaupt. Der „Jüngere Bürgermeister" leitete die Polizei, das Zunftwesen und die Bürgerrechtsangelegenheiten und vertrat den „Älteren Bürgermeister".
Wegen einer Missbildung („eine Art von Klumpfüßen") war Hermann von Geburt an gehbehindert. In Frankfurt besuchte er vom Mai 1808 bis Oktober 1815 das Gymnasium. Zwei seiner Lehrer begeisterten ihn für Mineralogie und Technologie. Nämlich der Mineraloge Wilhelm Adolph Miltenberg (1776–1824) sowie der Mathematiker und Physiker Johann Heinrich Moritz von Poppe (1776–1854). Bereits als Gymnasiast betrieb er zusammen mit seinem ein Jahr älteren Freund Friedrich

Wöhler (1800–1882), der sich als Chemiker einen Namen machte, ernsthafte chemische und mineralogische Studien.
Über das Leben von Hermann von Meyer hat 1967 der Frankfurter Paläontologe Wolfgang Struve (1924–1997) in seiner Publikation „Zur Geschichte der Paläontologisch-Geologischen Abteilung des Natur-Museums und Forschungs-Institutes Senckenberg" anschaulich berichtet. Vor allem aus dieser Arbeit stammen die Fakten in dieser Kurzbiografie.
1818 arbeitete Meyer in einer Glasfabrik in Kahl, um sich auf das Hüttenwesen vorzubereiten. Aber schon nach einem Jahr gab er diese Stelle wieder auf. Auf Wunsch seines Vaters absolvierte er von 1818 bis 1822 im Bankhaus Gebr. Meyer seines Onkels Johann Georg von Meyer (1765–1838) eine Lehre, die ihm nicht behagte. Auch in dieser Zeit verlor er sein Interesse an Naturwissenschaft nicht und setzte die chemischen Experimente mit Wöhler fort.
Ab Mai 1822 studierte Meyer an der „Universität Heidelberg" Volkswirtschaft und daneben Mineralogie, Chemie, Mathematik und Physik. Zu seinen berühmten akademischen Lehrern gehörten der Geologe und Paläontologe Heinrich Georg Bronn (1800–1862), der Mineraloge Karl Cäsar von Leonhard (1779–1860) und der Mineraloge und Pharmakologe Leopold Gmelin (1788–1853). Zwischen 1824 und 1825 setzte Meyer an der Universität München (Landau) sein Studium fort. Während seiner Studienjahre in München entwickelte er ein inniges Verhältnis zu den „Bayerischen Staatssammlungen" und den Münchener Kunstinstitutionen.
Am 16. August 1825 wurde Meyer in Frankfurt am Main in die „Senckenbergische Naturforschende Gesellschaft" („SNG") aufgenommen. Beim Ordnen der mineralogischen und paläontologischen Sammlungen der „SNG" begeisterte er sich immer mehr für die Paläontologie. Dank seines Talents und seines Fleißes wurde er bald vom Schüler zum „Meister

auf dem Gebiet der Versteinerungskunde". 1827 setzte er sein Studium in Berlin fort.

1827/1828 leitete Meyer in Nürnberg ein Institut für Glasmalerei, das Arbeiten für den Regensburger Dom vornahm. Sein Arbeitgeber ragierte auf sein großes Engagement mit Undank und beendete das Arbeitsvrhältnis im Streit. Nach diesem Job kehrte Meyer nach Frankfurt am Main zurück. Am 10. Juni 1829 wurde er Mitglied der „Kaiserlich Leopoldinisch-Carolinischen Akademie der Naturforscher" mit Sitz in Halle/Saale. Die „Leopoldina" ist die älteste naturwissenschaftlich-medizinische Gelehrtengemeinschaft im deutschsprachigen Gebiet und die älteste dauerhaft existierende naturforschende Akademie der Welt.

Neben seinem eigentlichen Beruf übte Meyer in Frankfurt kirchliche und gemeinnützige Ehrenämter aus. Zum Beispiel wählte man ihn am 9. November 1830 in den Kirchenvorstand der evangelisch-lutherischen Gemeinde. Am 10. Oktober 1834 wurde er in die ständige Bürgerrepräsentation aufgenommen. Ab 1835 war er Senior des evangelisch-lutherischen Armenpflegeamts.

1833 hoben Georg Fresenius (1808–1866), Hermann von Meyer und August Emanuel Ritter von Reuss (1811–1873) die erste Senckenbergische Zeitschrift namens „Museum Senkenbergianum" aus der Taufe. In dieser Zeitschrift erschienen etwa zehn Beiträge von Meyer.

Im Juli 1837 bestellte man Meyer zum „Bundescassen-Controlleur" in der Finanzverwaltung des ersten „Deutschen Bundestages" in Frankfurt am Main. Wegen starker Arbeitsbelastung legte er im November 1841 sein seit 1838 bekleidetes Ehrenamt als Abteilungsleiter (Sektionär) für Osteologie der „Senckenbergischen Naturforschenden Gesellschaft" nieder.

Hermann von Meyer und der Naturwissenschaftler Eduard Rüppell (1794–1884), die beiden wissenschaftlich bedeutenden Männer, die teilweise gleichzeitig am „Senckenbergischen Museum" in der paläontologischen Sektion tätig waren, verstanden sich wenig. Bereits zu Beginn der 1840er Jahre stand Meyer, der zuvor die paläontologische Sammlung verwaltet hatte, außerhalb und nützte nur noch die Skelette rezenter Tiere des Museums zu seinen Studien.

1845 ernannte die philosophische Fakultät der „Universität Würzburg" Meyer zum Ehrendoktor. Auch im Ausland wusste man seine Verdienste zu würdigen. 1845 verlieh ihm die „Geological Society von London" die Wollaston-Medaille.

Zusammen mit dem Professor für Mineralogie und Geologie an der Universität Marburg, Wilhelm Dunker (1809–1885), gründete Meyer 1846 die bis heute erscheinende Zeitschrift „Palaeontographica". Darin veröffentlichte er mehr als 100 Beiträge. Zum Beispiel: „Reptilien aus der Steinkohlenformation in Deutschland" (1856–1858), „Reptilien aus dem Stubensandstein des oberen Keupers" (1861) und „Studien über den Genus Mastodon" (1867–1870).

In seinem umfangreichen Hauptwerk „Fauna der Vorwelt" (1845–1860) beschrieb Meyer vor allem in Deutschland gefundene Wirbeltiere aus dem Karbon, Perm, der Trias, dem Jura und Miozän. Dieses Werk enthielt 132 Tafeln mit eigenhändigen Zeichnungen. Die erste Abteilung (1845) heißt „Fossile Säugetiere, Vögel und Reptilien aus dem Molasse-Mergel von Oeningen". In dieses Werk nahm er zwei 1825 von Johann Georg Neuburg (1757–1830), dem ersten Direktor der „SNG", gekaufte Riesensalamander *(Andrias scheuchzeri)* aus Öhningen nicht auf. 1846 entlarvte er diese Fossilien als teilweise Fälschungen. Bei einem davon hatte man an einen Wirbelsäulenrest des Riesensalamanders einen kleinen Fischschädel hinzugefügt.

Die zweite Abteilung der „Fauna der Vorwelt" (1847–1855) trägt den Titel „Die Saurier des Muschelkalks mit Rücksicht auf die Saurier aus Buntem Sandstein und Keuper". Der Titel der dritten Abteilung (1856) heißt „Saurier aus dem Kupferschiefer der Zechsteinformation" und die vierte Abteilung (1860) „Reptilien aus dem lithographischen Schiefer in Deutschland und Frankreich". Für letzteres Werk hatte er die Juraformation von Solnhofen, Pappenheim und Monsheim eingehend studiert.

Meyer untersuchte alle Klassen von Wirbeltieren wie Fische, Amphibien, Reptilien, Vögel und Säugetiere, aber auch Krebse (Crustaceen) und Kopffüßer (Cephalopoden). Innerhalb von vier Jahrzehnten verfasste er von 1828 bis 1869 mehr als 300 Fachpublikationen, davon ungefähr 240 über fossile Wirbeltiere. Nach ihm wurden 37 fossile Pflanzen und Tiere benannt.

Als Erster beschrieb Meyer viele Urzeittiere wie
das dreihufige Ur-Pferd *Hippotherium primigenium* 1829,
die Brückenechse *Pleurosaurus goldfussi* 1831,
das Rüsseltier *Deinotherium bavaricum* 1831,
den Flugsaurier *Rhamphorhynchus bucklandi* 1832,
den Flugsaurier *Gnathosaurus subulatus* 1833,
den Tintenfisch *Leptoteuthis gigas* 1834,
den Schweinartigen *Hyotherium soemmerringi* 1834,
die Schildkröte *Emys turfa* 1835,
den Krebs *Eryon schuberti* 1836,
den Dinosaurier *Plateosaurus engelhardti* 1837,
den Plesiosaurier *Thaumatosaurus victor* 1841,
das Amphibium *Apateon pedestris* 1844,
das Ur-Pferd *Anchitherium aurelianense* 1844,
den Giraffenverwandten *Palaeomeryx bojani* 1846,
den Flugsaurier *Rhamphorhynchus muensteri* 1847,
die Brückenechse *Homeosaurus maximiliani* 1847,
den Fisch *Notogoneus longiceps* 1851,
den Flugsaurier *Ctenochasma roemeri* 1852,
den Giraffenhalssaurier *Tanystropheus conspicuus* 1852,

*Der Frankfurter Wirbeltierpaläontologe
Hermann von Meyer (1801–1869) im reiferen Alter.
Foto: Aufnahme vor 1869*

den Gliederfüßer *Arthopleura armata* 1854,
den Frosch *Palaeobatrachus gigas* 1859,
den Riesensalamander *Andrias tschudi* 1859,
die Schildkröte *Eurysternum wagleri* 1859,
den Dinosaurier *Stenopelix valdensis* 1859,
das Amphibium *Phanerosaurus naumanni* 1860,
die Feder des Urvogels *Archaeopteryx lithographica* 1861.
Der Frankfurter Gelehrte korrespondierte mit vielen Fossiliensammlern sowie berühmten Fachkollegen jener Zeit. Dazu gehörte auch der Naturforscher Richard Owen (1804–1892) aus London, der 1841 für drei aus Großbritannien bekannte große Reptilien den Begriff Dinosauria („Schreckensechsen") einführte. Meyer hat bereits 1830 stattdessen den Namen Pachypoda („Dickfüßer") vorgeschlagen, was sich nicht durchsetzte.
1847 konnte sich Meyer über die „Goldmedaille der Holländischen Societät der Wissenschaften" freuen. 1848 wurde er Mitglied der „Akademie der Wissenschaften" in Wien und 1853 der „Bayerischen Akademie der Wissenschaften".
1851 und 1852 fungierte Meyer als Erster Direktor der „Senckenbergischen Naturforschenden Gesellschaft". Im März 1860 erhielt Meyer einen Ruf als ordentlicher Professor der Geologie und Paläontologie an die „Universität Göttingen". Doch er lehnte dieses Angebot ab, weil er befürchtete, durch eine Professur könne seine wissenschaftliche Freiheit eingeschränkt werden. 1860 wählte man Meyer zum korrespondierenden Mitglied der Göttinger „Akademie der Wissenschaften".
Ab 1. Januar 1863 fungierte Meyer als „Bundescassier" (Finanzverwalter) des „Deutschen Bundestages" in Frankfurt am Main. Der Beschluss für diese Ernennung wurde bei der Bundesversammlung am 20. November 1862 gefasst.
1863 nahm Meyer das „Ritterkreuz des österreichischen Franz Joseph-Ordens" entgegen. Ebenfalls 1863 benannte man einen

Berg auf der Südinsel von Neuseeland als „Mount Meyer". Im „Deutschen Krieg" 1866 brachte Meyer die Bundeskasse vor der preußischen Armee in Sicherheit und schaffte sie zuerst auf die Festung Ulm, später nach Augsburg. Nach dem Ende des „Deutschen Krieges" beauftragte man Meyer mit der Liquidation der Bundeskasse. Danach wurde er nach 30jähriger Amtsführung pensioniert. 1867 ging er in den endgültigen Ruhestand.

Meyer besaß keine eigene umfangreiche Fossiliensammlung. Als Privatmann mit bescheidenen Einkünften konnte er keine teuren Fossilien kaufen und kein Privatmuseum gründen. Anfangs besichtigte er bei Reisen in Süddeutschland, Böhmen, der Schweiz, Holland und Belgien Sammlungen mit Wirbeltierfossilien. Doch mit zunehmenden Veröffentlichungen überließ man ihm von allen Seiten bedeutende Fossilfunde. Wegen seiner Gewissenhaftigkeit bei der Behandlung und Rückgabe anvertrauter Objekte und seiner unbestreitbaren Autorität genoss er bald großes Vertrauen. Deshalb gelangten die interessantesten und kostbarsten Funde in seine Hände und fanden in sorgfältiger Beschreibung und eigenhändiger Abbildung ihren Platz in seinen Mappen. Oft besuchte er Versammlungen von Naturforschern in verschiedenen Städten. 1868 erlitt Meyer mehrere Schlaganfälle, bei denen seine Sehkraft geschwächt wurde. Am 2. April 1869 starb er im Alter von 67 Jahren in Frankfurt am Main an den Folgen eines Schlaganfalls..

Der Geologe und Paläontologe Karl Alfred von Zittel (1839–1904), der 1866 den damals einzigen Lehrstuhl für Paläontologie in Deutschland an der „Universität München" übernommen hatte, lobte den verstorbenen Frankfurter Gelehrten in seiner „Denkschrift auf Christ. Erich Hermann von Meyer" (1870). Zittel beschrieb ihn als Persönlichkeit mit vorzüglicher Allgemeinbildung, großem handwerklichen und zeichnerischem

Geschick, gerader, vornehmer Gesinnung, ausgezeichneter Höflichkeit, feinen, weltmännischen Umgangsformen, ungewöhnlichem Fleiß, großer Ordnungsliebe und wundervoll organisierter Arbeit. Öffentliches Reden habe er gescheut, der kühne Flug der Phantasie habe ihm gefehlt und philosophische Spekulationen seien seiner Natur zuwider gewesen.

DENKSCHRIFT

AUF

CHRIST. ERICH HERMANN von MEYER

VON

CARL ALFRED ZITTEL,
A. O. MITGLIED DER KÖNIGL. BAYER. AKADEMIE.

MÜNCHEN
IN COMMISSION BEI G. FRANZ
1870.

„Denkschrift auf Christ. Erich Hermann von Meyer" (1870) von Karl Alfred von Zittel (1839–1904)

*Amerikanischer Wirbeltierpaläontologe
John H. Ostrom (1928–2005).
Foto: YPMAR.001632, John Ostrom,
Courtesy of the Yale Peabody Museum, New Haven*

John H. Ostrom

Der amerikanische Wissenschaftler John Harold Ostrom gilt weltweit als einer der bedeutendsten Wirbeltierpaläontologen und Dinosaurierforscher in der zweiten Hälfte des 20. Jahrhunderts. Er wurde am 18. Februar 1928 in New York City geboren. 1951 erhielt er seinen Bachelor-Abschluss vom privaten „Unions College" in Schenectady, New York. Der Wirbeltierpaläontologe Edwin Colbert (1905–2001) vom „American Museum of Natural History" in New York City weckte sein Interesse an Dinosauriern. 1960 promovierte er an der „Columbia University", New York, mit einer Arbeit über die Schädelanatomie der Entenschnabeldinosaurier (Hadrosaurier). Im selben Jahr veröffentlichte er die Ergebnisse seiner Promotion in einer Monographie im „Bulletin of the American Museum of Natural History". Wenige Jahre später korrigierte er die damals vorherrschende Auffassung, die Entenschnabeldinosaurier seien semiaquatische Sumpfbewohner.

Ab 1961 arbeitete Ostrom als Professor für Geologie und Geophysik an der „Yale University" in New Haven und als Kustos für Wirbeltierpaläontologie an dem zur Universität gehörenden „Yale Peabody Museum". Von 1962 bis 1967 unternahm er Geländeuntersuchungen in der unterkreidezeitlichen Cloverly Fomation in Montana. 1964 entdeckte das Team von Ostrom im südlichen Montana fossile Reste eines kleinen Raubdinosauriers, den er 1969 beschrieb und *Deinonychus* („Schreckliche Kralle") nannte. Am auffälligsten war dessen an der zweiten Fußzehe befindliche 13 Zentimeter lange, sichelartig gekrümmte Kralle, mit der vermutlich Beutetiere aufgeschlitzt wurden. *Deinonychus* konnte auf einem Bein stehen und mit dem anderen eine Sichelkralle schwungvoll der Beute in die Flanke schlagen. Dieser Raubdinosaurier entsprach nicht den damaligen Vorstellungen von Dinosauriern als langsamen und schwerfälligen Reptilien.

Weil das „Yale Peabody Museum" eine der bedeutendsten Sammlungen von Fossilien der Horndinosaurier (Ceratopsia) besitzt, befasste sich Ostrom 1964 und 1966 mit den Horndinosauriern. Bei seiner Untersuchung von *Deinonychus* fiel ihm die große Ähnlichkeit dieses Raubdinosauriers mit dem damals ältesten bekannten Vogel *Archaeopteryx* auf. Dies belebte in den 1970er Jahren die Theorie der Abstammung der Vögel von den Raubsauriern wieder. 1970 war Ostrom Erstbeschreiber der Dickschädelechse *Microvenator celer*, der Knotenechse *Sauropelta edwardsorum* und des Gazellendinosauriers *Tenontosaurus tilletti*. Er pflegte enge Verbindungen nach Deutschland, das er oft besuchte.

Bei einer Europareise 1970 wollte Ostrom eigentlich Flugsaurier aus klassischen europäischen Fundstellen, vor allem aus den Solnhofener Plattenkalken, untersuchen. Überrascht stellte er fest, dass einer der „Flugsaurier" in der Sammlung des „Teylers Museums" in Haarlem (Niederlande) ein verkannter Fund von *Archaeopteryx* sei. Bei weiteren Besuchen in Europa kam er wiederholt zur „Bayerischen Staatssammlung für Paläontologie und Geologie" nach München, wo er den kleinen Raubdinosaurier *Compsognathus longipes* aus Solnhofener Schichten studierte und in einer Monographie detailliert beschrieb. Gemeinsam mit seinem langjährigen Freund, dem Paläontologen Peter Wellnhofer, nahm Ostrom eine „taxonomische Revision" des Münchener Exemplares des Horndinosauriers *Triceratops* vor.

1970 veröffentlichte Ostrom, der ein vorsichtiger Wissenschaftler war, seine gewagte These, vermutlich seien zumindest einige Dinosaurier warmblütig gewesen. 1992 erklärte er seinem deutschen Besucher Oliver Walter Mischa Rauhut, die Diskussion über die Warmblütigkeit der Dinosaurier sei noch offen und das Problem offenbar doch komplexer, als er ursprünglich angenommen habe. Am 16. Juni 2005 starb John H. Ostrom an einer Komplikation seiner Alzheimer-Erkrankung im Alter von 77 Jahren in Lichfield (Connecticut).

Lebensbild des Raubdinosauriers Deinonychus.
Zeichnung: Durbed / CC-BY-SA3.0 (via Wikimedia Commons), lizensiert unter Creative-Commons-Lizenz by-sa-3.0,
https://creativecommons.org/licenses/by-sa/3.0/legalcode.de

*Der Münchener Wirbeltierpaläontologe
Oliver Walter Mischa Rauhut ist Erstbeschreiber
etlicher Dinosaurierarten
und gilt weltweit als Dinosaurier-Experte ersten Ranges.
Foto: Professor Dr. Oliver W. M. Rauhut, Privatarchiv*

Oliver Rauhut

Oliver Walter Mischa Rauhut, der Erstbeschreiber von *Ostromia crassipes,* gilt international als Dinosaurier-Experte ersten Ranges. Er kam am 30. September 1969 in Karlsruhe zur Welt und wuchs in Aachen auf. 1995 schloss er an der „Freien Universität Berlin" ein Studium der Geologie und Paläontologie mit dem Diplom ab. Zwischen 1996 und 1999 schrieb er an der „University of Bristol" in England seine Dissertation „The interrelationships and evolution of basal theropods (Dinosauria, Saurischia)". Sein Doktorvater war David Unwin. Der Doktortitel wurde Rauhut im Mai 2000 verliehen. Ab 2000 war er ehrenamtlicher Mitarbeiter am „Institut für Paläontologie" des „Museums für Naturkunde" der „Humboldt-Universität zu Berlin". Von 2000 bis 2002 folgte das einjährige DAAD-Postdoktoranden-Stipendium „Saurischia dinosaurus from the Middle Jurassic of Argentina: phylogenetics and biogeographic relationships". Dieses Stipendium wurde um ein weiteres Jahr verlängert. Während dieses Stipendiums unternahm er umfangreiche Geländearbeit in Patagonien. 2002 und 2003 war er wissenschaftlicher Mitarbeiter am „Museo Paleontológico Egidio Feruglio" in Trelew, Argentinien.
2003 und 2004 hatte Rauhut eine eigene „DFG"-Stelle als wissenschaftlicher Mitarbeiter am „Institut für Paläontologie" der „Humboldt-Universität zu Berlin". 2004 erhielt er den „Albert Maucher-Preis für Geowissenschaften der „Deutschen Forschungsgemeinschaft" („DFG"). Dieser nach dem 1981 verstorbenen Geologen Albert Maucher benannte Preis wird alle drei Jahre an Nachwuchs-Wissenschaftlerinnen und -Wissenschaftler vergeben, die hervorragende Forschungsergebnisse erzielen konnten. Im Mai 2004 avancierte Rauhut als

Nachwuchsgruppenleiter in der DFG-Forschergruppe „Biology of the sauropod dinosaurs: the evolution of gigantism" am „Institut für Paläontologie" der „Humboldt-Universität zu Berlin". Dabei ging es unter anderem darum, unter welchen Bedingungen die Dinosaurier ihre gigantische Körpergröße entwickeln können.

Seit 2004 arbeitet Rauhut als Kustos für Niedere Wirbeltiere an der „Bayerischen Staatssammlung für Paläontologie und Geologie" in München. Seit 2007 ist er zusätzlich Privatdozent an der „Universität München". Sein Forschungsgebiet ist die Landwirbeltierfauna des Erdmittelalters, vor allem die Evolution der Dinosaurier. Er untersuchte vor allem die Artenvielfalt, die Verwandtschaftsverhältnisse, die Evolution und die geographische Verteilung der fleischfressenden Saurier auf der südlichen Halbkugel. Weil die bisherigen Vorstellungen über die Evolution der Dinosaurier vor allem auf Untersuchungen der nördlichen Halbkugel beruhten, ergaben sich durch seine Untersuchungen neue Vergleichsmöglichkeiten. Seine Analyse der Saurierfunde in Südamerika belegte, dass es ursprünglich nur wenige Unterschiede zu den nördlichen Verwandten dieser Saurier gab, sich aber diese Unterschiede im Laufe der Zeit verstärkt und zur Entwicklung unterschiedlicher Sauriergruppen geführt haben.

Rauhut beschrieb als Autor alleine oder teilweise zusammen mit anderen als Co-Autor etliche Dinosaurier, darunter die Raubtierfußdinosaurier (Theropoden) *Suchomimus tenerensis* (1998), *Aviatyrannis jurassica* (2003), *Condorraptor currumili* (2005), *Xinjiangovenator parvus* (2005), *Veterupristisaurus milneri (2011)*, *Sciurumimus albersdoerferi* (2012), *Eoabelisaurus mefi* (2012), *Tachiraptor admirabilis* (2014), *Wiehenvenator albati* (2016), *Ostromia crassipes* (2017), *Pandoravenator fernandezorum* (2017), den Elefantenfußdinosaurier (Sauropoden) *Brachytrachelopan mesai* (2005) und den Vogelbeckendinosaurier *Manidens condorensis*

(2011). Außerdem beschrieb er den Flugsaurier *Allkaruen koi* (2016), den Urvogel *Alcmonavis poeschli* (2019), die Schuppenechse *Oenosaurus muelheimensis* (2012), den Krokodilianer *Almadasuchus figarii* (2013), den Strahlenflosser *Condorlepis* (2013) und das erste in Südamerika entdeckte fossile Säugetier *Asfaltomylos patagonicus* (2002) aus der Jurazeit.

Lebensbild des Raubdinosauriers *Wiehenvenator albati*, geschaffen von dem Paläo-Künstler Joschua Knüppe aus Ibbenbüren. Zeichnung: Joschua Knüppe / http://dinodata.de/art/knueppe/joschua_knueppe.php

Wirbeltierpaläontologe Christian Foth,
einer der Erstbeschreiber der Raubdinosaurier
Sciurumimus albersdoerferi (2012) und Ostromia crassipes (2017)
sowie des Urvogels Alcmonavis poeschli (2019) aus Bayern.
Foto: Dr. Christian Foth,
Department für Geowissenschaften der Universität Freiburg, Schweiz

Christian Foth

Christian Foth ist Wirbeltierpaläontologe und einer der Erstbeschreiber der Raubdinosaurier *Sciurumimus albersdoerferi* (2012) und *Ostromia crassipes* (2017) sowie des Urvogels *Alcmonavis poeschli* (2019) aus Bayern. Er wurde am 12. November 1984 in Rostock geboren und absolvierte im Juni 2004 sein Abitur am „Käthe-Kollwitz-Gymnasium" in Rostock. Von Oktober 2004 bis Dezember 2009 studierte er Biologie an der „Universität Rostock" und war zwischen 2005 und 2010 freiwilliger Helfer an der „Zoologischen Sammlung" der „Universität Rostock". In seiner Diplomarbeit untersuchte er die Morphologie des Erstlingsgefieders ausgewählter Vogeltaxa unter Berücksichtigung der Phylogenie (Betreuer: Prof. Stefan Richter).

Von April 2010 bis November 2013 folgte ein Promotionsstudium in Paläontologie an der „Ludwig-Maximilians-Universität München" unter der Leitung von Prof. Oliver Walter Mischa Rauhut und von September 2010 bis Februar 2015 war er wissenschaftlicher Mitarbeiter an der „Bayerischen Staatssammlung für Paläontologie und Geologie" in München. Ende 2013 wurde er an der „Ludwig-Maximilians-Universität München" mit dem Thema „Ontogenetische, makroevolutionäre und morphofunktionelle Muster in Archosaurierschädeln: ein morphometrischer Ansatz" promoviert.

Von März 2015 bis August 2017 arbeitete Foth als Postdoktorand am „Department für Geowissenschaften der Universität Freiburg", Schweiz) in der Arbeitsgruppe von Prof. Walter Joyce) über die Formvariation der Schädel und Ohren von Schildkröten und der Wechselwirkung mit ihrer Ökologie. Von Oktober 2017 bis Juli 2018 war er wissenschaftlicher

Mitarbeiter am „Staatlichen Museum für Naturkunde", Stuttgart (Arbeitsgruppe von Dr. Rainer Schoch) und ist seit August 2018 Oberassistent am „Department für Geowissenschaften der Universität Freiburg", Schweiz (Arbeitsgruppe von Prof. Walter Joyce).
Zu den Forschungsschwerpunkten von Christian Foth gehören: die frühe Evolution der Vögel und ihrer Federn, die Neubearbeitung von *Archaeopteryx* (zusammen mit Oliver Rauhut), die Phylogenese der Raubdinosaurier und makroevolutionäre Muster von Reptilienschädeln. In der Liste seiner bisherigen Feldarbeiten liest man: Bückeburg-Formation (Unterkreide) in Münchehagen, Deutschland; Canadon Calcáreo-Formation (Oberjura) in Cerro Condor, Argentinien; Sanjianfang- und Qigu-Formation (Mitteljura), Turfanbecken, China; Unterer Keuper (Mitteltrias), Vellberg, Deutschland. Am 15. April 2019 reichte Foth seine Habilitationsschrift „Intraspezifische und makroevolutionäre Muster bei Archosauromorpha und Testudina" beim „Department Geowissenschaften der Universität Freiburg", Schweiz, ein.

Auf den Bäumen im Gebiet von Solnhofen und Eichstätt in Bayern saßen in der Oberjurazeit vor etwa 150 Millionen Jahren die ersten Vögel. Reproduktion aus Kenneth C. Parkes (1922–2007): „Speculations on the origin of feathers", Ithaca 1966, Gemälde von Rudolf Freund (1915–1969), mit freundlicher Genehmigung des Carnegie Museums of Natural History, Pittsburg

Urvogel-Funde aus Bayern

Von 1855 bis 2018 wurden in Bayern etwa ein Dutzend fragmentarisch oder sogar mehr oder minder vollständig erhaltene Skelette sowie ein Positivabdruck und ein Negativabdruck einer Feder von Urvögeln entdeckt. Diese Tiere gelten heute als Raubdinosaurier. Sie hatten noch Zähne, Klauen und einen langen Schwanz wie Dinosaurier, trugen aber auch Federn und konnten fliegen, wenngleich umstritten ist, wie gut dies möglich war.
Die Urvögel kamen im Gebiet von Solnhofen, Langenaltheim, Eichstätt, Workerszell, Daiting, Schamhaupten und Mörnsheim zum Vorschein. Früher rechnete man alle im Solnhofen-Archipel entdeckten Urvögel der Art *Archaeopteryx lithographica* zu. Heute weiß man, dass dort in der Oberjurazeit vor etwa 150 Millionen Jahren einige Urvogelarten existierten. Ihre exakte Zahl ist unbekannt.
Den heute noch üblichen wissenschaftlichen Artnamen *Archaeopterx lithographica* („alte lithographische Feder") hat 1861 der Frankfurter Paläontologe Hermann von Meyer (1801–1869) für den 1860 geborgenen Federabdruck geprägt, den man später auch für die Skelettfunde verwendete. Nachfolgend werden die bisherigen *Archaeopteryx*-Funde aus Bayern in der Reihenfolge, in der sie bekannt oder wissenschaftlich beschrieben wurden, in Wort und Bild vorgestellt.
Die meisten dieser Urvögel sind nach ihrem Aufbewahrungsort bezeichnet. So gibt es ein „Londoner Exemplar", „Berliner Exemplar", „Maxberg-Exemplar", „Eichstätter Exemplar", „Solnhofener Exemplar", „Münchener Exemplar", „Daitinger Exemplar", „Thermopolis-Exemplar", „Altmühl-Exemplar" und „Schamhauptener Exemplar".

Sicherlich haben nicht alle der bisher in Bayern entdeckten Urvögel genau zur selben Zeit im Oberjura gelebt. Sie kamen wohl durch einige Jahrzehntausende oder Jahrhunderttausende voneinander getrennt vor. Offenbar handelt es sich in allen Fällen um Jungtiere oder noch nicht ausgewachsene Tiere.

Lebensbild von Urvögeln der Gattung Archaeopteryx aus Wilhelm Bölsche (1861–1939): „Das Leben der Urwelt" (1931)

> **561**
>
> *Frankfurt am Main,* 15. August *1861.*
>
> Aus dem lithographischen Schiefer der Brüche von *Solenhofen* in *Bayern* ist mir in den beiden Gegenplatten eine auf der Ablösungs- oder Spaltungs-Fläche des Gesteins liegende Versteinerung mitgetheilt worden, die mit grosser Deutlichkeit eine Feder erkennen lässt, welche von den Vogel-Federn nicht zu unterscheiden ist. In der nun so genau bekannten Organisation der Pterodactylen liegt nichts, woraus auf eine Feder-Bedeckung bei diesen Thieren geschlossen werden könnte; es wäre Diess daher der erste Überrest von einem Vogel vor-tertiärer Zeit. Die Feder, von schwärzlichem Aussehen, war ungefähr 60^{mm} lang und die hie und da ein wenig klaffende Fahne fast gleich-förmig 11^{mm} breit. Ihre Fasern sind an der einen Seite des Schaftes ungefähr nur halb so lang, als an der anderen. Auch die Spule, die ziemlich stark war, ist angedeutet. Das Ende der Fahne geht etwas stumpf-winkelig zu. Die Feder wird eine Schwing- oder Schwanz-Feder darstellen. Ich hoffe von ihr demnächst eine genaue Abbildung und Beschreibung für die Palaeontographica anfertigen zu können. Das Gestein ist der gewöhnliche lithographische Schiefer, aus dessen Ablösungs-Flächen hie und da die Saccocoma-artigen Formen hervortreten.

Ausschnitt aus dem Brief von Hermann von Meyer
vom 15. August 1861 an Heinrich Georg Bronn (1800–1862),
den Herausgeber der Zeitschrift
„Neues Jahrbuch für Mineralogie, Geognosie, Geologie
und Petrefakten-Kunde".
Ab 1863 hieß diese Zeitschrift
„Neues Jahrbuch für Mineralogie, Geologie und Palaeontologie".

NEUES JAHRBUCH

FÜR

MINERALOGIE, GEOGNOSIE, GEOLOGIE

UND

PETREFAKTEN·KUNDE.

Abdruck einer Feder

1860 erkannten Arbeiter im Kohler'schen Anteil des Gemeindesteinbruches von Solnhofen (Mittelfranken) auf zwei ursprünglich aufeinanderliegenden Gesteinsplatten den schwarzen Positiv- und Negativabdruck einer etwa sechs Zentimeter langen Vogelfeder. Manche Autoren geben auch 1861 als Fundjahr der Feder an. Dieser Fund, den manche Experten unberechtigerweise für eine Fälschung hielten, wurde dem Frankfurter Paläontologen Hermann von Meyer zur Begutachtung gezeigt. Der Autor Gerold Bielohlawek-Hübel (1948–2006) aus Riedstadt erzählte in seinem Buch „Wer fand den Urvogel?" (2004) phantasievoll, wie dies geschehen sein könnte. Demnach hätte Meyer während einer Fahrt nach München, wo er bei der „Königlich Bayerischen Akademie der Wissenschaften" einen Vortrag über Flugsaurier halten sollte, in Eichstätt einen Abstecher gemacht. Dort habe ihm ein Pater, bei dem sich die Federabdrücke aus Solnhofen inzwischen befanden, den Fund vorgelegt. Meyer habe sofort die wissenschaftliche Bedeutung dieses unscheinbaren Fossils erkannt.
In einem Brief vom 15. August 1861 an Heinrich Georg Bronn (1800–1862), den Herausgeber der Zeitschrift „Neues Jahrbuch für Mineralogie, Geognosie, Geologie und Petrefakten-Kunde", der auf Seite 561 veröffentlicht wurde, schrieb Meyer:: „Aus dem lithographischen Schiefer der Brüche von Solenhofen in Bayern ist mir in den beiden Gegenplatten eine auf der Ablösungs- oder Spaltungs-Fläche des Gesteins liegende Versteinerung mitgetheilt worden, die mit grosser Deutlichkeit eine Feder erkennen lässt, welche von den Vogel-Federn nicht zu unterscheiden ist. In der nun so genau gekannten Organisation der Pterodactylen liegt nichts, woraus auf eine

> *Frankfurt* am *Main*, den 30. September *1861.*
>
> Nachträglich zu meinem Schreiben vom 15. verflossenen Monats kann ich Ihnen nunmehr mittheilen, dass ich die Feder von *Solenhofen* nach allen Richtungen hin genau untersucht habe und dabei zu dem Ergebniss gekommen bin, dass sie eine wirkliche Versteinerung des lithographischen Schiefers ist und vollkommen mit einer Vogel-Feder übereinstimmt. Zugleich erhalte ich von Herrn Obergerichtsrath Witte die Nachricht, dass das fast vollständige
>
> ---
> * Dumont S. 304.

> **679**
>
> Skelet eines mit Federn bedeckten Thiers im lithographischen Schiefer gefunden worden sey. Von unseren lebenden Vögeln zeige es manche Abweichung. Die von mir untersuchte Feder werde ich mit genauer Abbildung veröffentlichen. Zur Bezeichnung des Thieres halte ich die Benennung **Archaeopteryx lithographica** geeignet.

Brief von Hermann von Meyer vom 30. September 1861 an Heinrich Georg Bronn (1800–1862), den Herausgeber der Zeitschrift „Neues Jahrbuch für Mineralogie, Geognosie, Geologie und Petrefakten-Kunde".
Darin schlägt er für den Federfund aus Solnhofen von 1860 den wissenschaftlichen Namen Archaeopteryx lithographica vor.

Feder-Bedeckung bei diesen Thieren geschlossen werden könnte; so wäre Diess daher der erste Überrest von einem Vogel vor-tertiärer Zeit. Die Feder, von schwärzlichem Aussehen, war ungefähr 60 mm lang und die hie und da ein wenig klaffende Fahne fast gleich-förmig 11 mm breit. Ihre Fasern sind an der einen Seite des Schaftes ungefähr nur halb so lang, als an der anderen. Auch die Spule, die ziemlich stark war, ist angedeutet. Das Ende der Fahne geht etwas stumpf-winkelig zu. Die Feder wird eine Schwing- oder Schwung-Feder darstellen. Ich hoffe von ihr demnächst eine genaue Abbildung und Beschreibung für die Palaeontographica anfertigen zu können. Das Gestein ist der gewöhnliche lithographische Schiefer, aus dessen Ablösungs-Flächen hie und da die Saccocoma-artigen Formen hervortreten".
Einige Wochen später teilte Meyer in einem Brief vom 30. September 1861 an den Herausgeber Heinrich Georg Bronn der Zeitschrift „Neues Jahrbuch für Mineralogie, Geognosie, Geologie und Petrefakten-Kunde" folgendes mit: „Nachträglich zu meinem Schreiben vom 15. vergangenen Monats kann ich Ihnen nunmehr mittheilen, dass ich die Feder von Solenhofen nach allen Richtugen hin genau untersucht habe und dabei zu dem Ergebnis gekommen bin, dass sie eine wirkliche Ver-steinerung des lithographischen Schiefers ist und vollkommen mit einer Vogel-Feder übereinstimmt. Zugleich erhalte ich von Herrn Obergerichtsrath Witte die Nachricht, dass das fast vollständige Skelet eines mit Federn bedeckten Thiers im lithographischen Schiefer gefunden worden sey. Von unseren lebenden Vögeln zeige es manche Abweichung. Die von mir untersuchte Feder werde ich mit genauer Abbildung ver-öffentlichen. Zur Bezeichnung des Thieres halte ich die Benennung Archaeopteryx lithographica geeignet". Diese Zeilen wurden auf den Seiten 678 und 679 der Zeitschrift publiziert.

*Federabdruck des Urvogels Archaeopteryx lithographica
auf der Positivplatteaus dem Kohler'schen Anteil
des Gemeindesteinbruches von Solnhofen in Mittelfranken.
Original im „Museum für Naturkunde" in Berlin.
Foto aus: Thomas G. Kaye / Michael Pittman / Gerald Mayr /
Daniela Schwarz / Xu Xing: Detection of lost calamus challenges
identity of isolated Archaeopteryx feather. Scientific reports 9,
Article number: 1182 (2019) / CC-BY4.0,
lizensiert unter Creative-Commons-Lizenz by-4.0,
https://creativecommons.org/licenses/by/4.0/legalcode*

1862 erschien in der Zeitschrift „Palaeontographica" auf den Seiten 53 bis 56 der von Meyer geschriebene Beitrag „Archaeopteryx lithographica aus dem lithographischen Schiefer von Solenhofen". Und auf einer Tafel wurde eine Abbildung eines der beiden Federabdrücke gezeigt.
Zu Beginn gestand Meyer, er sei mit Misstrauen an die Untersuchung des Federfundes heran gegangen. Er stellte sich hauptsächlich drei Fragen:
ist das Gestein der lithographische Schiefer des oberen Jura?
ist der darauf befindliche Gegenstand eine Feder, wie sie die Vögel besitzen?
ist der Gegenstand wirklich versteinert, d. h. gleich alt mit den Versteinerungen des lithographischen Schiefers?
Alle drei Fragen bejahte Meyer. Das Gestein stimme in Bruch, Schwere und Masse vollkommen mit dem lithographischen Schiefer überein. Der auf dem Gestein befindliche Gegenstand stimme in allen Teilen vollkommen mit der Feder eines Vogels überein. Die Feder sei wirklich versteinert und mit dem lithographischen Schiefer gleich alt.
Zuletzt erwähnte Meyer auch das Federtier, das Obergerichtsrat Witte aus Hannover bei dem Landarzt Häberlein in Pappenheim auf einer Solnhofener Schieferplatte gesehen hatte. Diesem Tier fehle der Kopf und es sei mit Federn reich ausgestattet. Es besitze einen langen Schwanz wie der Langschwanz-Flugsaurier *Rhamphorhynchus*, ein kleines Becken, wie die Vögel einen einfachen Knochen als Mittelfuss, sei mit drei Zehen versehen und an den vorderen Gliedmaßen befinde sich ein Fächer mit Federn, ebenso am Schwanz. Schon aus dem einfachen Mittelfuß ergebe sich, dass dieses Tier nicht zu den „Pterodactyln", wie Meyer die Kurzschwanz-Flugsaurier nannte, gehöre. Die Bildung des Schwanzes widerstreite dem Begriff, den man mit unseren Vögeln verbinde und doch seien die Federn von denen der Vögel nicht zu unterscheiden.

Federabdruck des Urvogels Archaeopteryx lithographica auf der Negativplatte aus dem Kohler'schen Anteil des Gemeindesteinbruches von Solnhofen in Mittelfranken. Original in der „Bayerischen Staatssammlung für Paläontologie und Geologie", München. Foto: H. Raab (User Vesta) / CC-BY-SA3.0 (via Wikimedia Commons), lizensiert unter Creative-Commons-Lizenz by-sa-3.0-de http://creativecommons.org/licenses/by-sa/3.0/legalcode

Die von ihm untersuchte fossile Feder aus Solnhofen werde von einem ähnlichen Tier wie jenem herrühren, für das er die Benennung *Archaeopteryx lithographica* gewählt habe.

Der von Meyer vorgeschlagene Gattungsname *Archaeopteryx* heißt zu deutsch „alte Feder". Der Artname *lithographica* nimmt darauf Bezug, dass das Solnhofener Gestein hervorragend für die Lithographie (Steindruck) geeignet ist. Da der wissenschaftliche Begriff *Archaeopteryx* weiblich ist, muss es korrekt „die" *Archaeopteryx* heißen, was oft nicht beachtet wird. Den Namen *Archaeopteryx lithographica* erhielten später auch Skelettfunde der Urvögel. Von den beiden Platten, auf denen die Feder überliefert ist, wird die Hauptplatte (Positivplatte) mit dem besser erhaltenen Fossil im „Museum für Naturkunde" der „Humboldt-Universität Berlin" aufbewahrt (Inventarnummer: MB Av 100). Die Gegenplatte (Negativplatte) befindet sich im „Paläontologischen Museum" der „Bayerischen Staatssammlung für Paläontologie und Geologie" in München (Inventarnummer: BSP 1869 VIII 1).

2019 warteten die Forscher Thomas G. Kaye (Sierra Vista, Arizona), Michael Pittman (Hongkong), Gerald Mayr (Frankfurt am Main), Daniela Schwarz (Berlin) und Xing Xu (Peking) in „Scientific Reports" mit einer sensationellen Nachricht auf: Die 1860 in Solnhofen entdeckte Feder stamme möglicherweise nicht von *Archaeopteryx,* sondern von einem gefiederten Zeitgenossen des Urvogels oder sogar von einem gefiederten Dinosaurier. Das glaubten die erwähnten Wissenschaftler beim Vergleich der Vogelfeder mit Federabdrücken auf den Skelettfunden anderer *Archaeopteryx*-Fossilien festgestellt zu haben. Die Form und Struktur der berühmten ersten Urvogelfeder weiche deutlich von derjenigen der Federabdrücke von -- Skeletten ab. Diese Auffassung wird jedoch von anderen Experten nicht geteilt. Nach neueren Untersuchungen stammt die Einzelfeder mit hoher Sicherheit von *Archaeopteryx*.

*Kreisarzt Carl Friedrich Häberlein (1787–1871)
aus Pappenheim,
Verkäufer des 1. Exemplars eines Urvogels
(„Londoner Exemplar").
Reproduktion eines Fotos vor 1871*

1. Exemplar: „Londoner Exemplar"

1861 stießen Arbeiter im Ottmann'schen Steinbruch auf der Gemarkung Langenaltheimer Haardt bei Langenaltheim (Mittelfranken) etwa 20 Meter unter der Erdoberfläche auf zwei Gesteinsplatten mit Skelettresten eines kleinen Wirbeltieres ohne Kopf. Das Besondere an ihm waren gut erkennbare Federabdrücke, zwei Flügel und ein langer, mit Federn bekleideter Schwanz. Langenaltheim ist die südlichste Gemeinde Mittelfrankens, grenzt an Oberbayern und Schwaben und ist ungefähr sechs Kilometer von Solnhofen entfernt.
Die 1861 entdeckte Rarität erhielt der Kreisarzt Carl Friedrich Häberlein (1787–1871) aus dem etwa fünf Kilometer entfernten Pappenheim, der häufig von Patienten mit Fossilfunden bezahlt wurde. Da er eine große Familie hatte (zu dieser Zeit lebten von den elf Kindern seiner zweiten Frau noch zwei Söhne und sechs Töchter) und die Versteinerungen für ihn ein totes Kapital waren, wollte Häberlein das bedeutsame Fossil von Anfang an verkaufen. Weil er offenbar fürchtete, eine Abbildung und Beschreibung des geheimnisumwitterten Objektes könne preismindernd sein, erlaubte er niemand, eine Zeichnung anzufertigen. Daher war die wissenschaftliche Fachwelt vorerst nur auf die mündlichen Schilderungen einiger Personen angewiesen, die das Fundstück kurz betrachten hatten dürfen.
Zu den Kaufinteressenten zählte auch der Konservator der „Bayerischen Staatssammlung" in München, Andreas Wagner (1797–1861), der die Fische und Saurier aus der Gegend von Solnhofen erforschte. Ihn hatte im Sommer 1861 der Ober-

*1. Exemplar („Londoner Exemplar") des Urvogels Archaeopteryx von der Langenaltheimer Haardt bei Langenaltheim in Mittelfranken. Original im „Natural History Museum" in London.
Foto vom Abguss des „Londoner Exemplars" vom August 2006 im „Museum national d'Historie naturelle", Paris: Lady of Hats (via Wikimedia Commons), Lizenz: gemeinfrei (Public domain)*

Justizrat Friedrich Ernst Witte (1803–1872) aus Hannover, der das seltene Fossil kurz in Augenschein hatte nehmen dürfen, auf das erdgeschichtlich wertvolle Dokument aufmerksam gemacht und zu dessen Erwerb geraten.

Wagner sandte im Herbst 1861 seinen Assistenten Albert Oppel (1831–1865) nach Pappenheim, der dort den spektakulären Fund besichtigen sollte. Oppel prägte sich bei einer stundenlangen Betrachtung alle Einzelheiten des Fossils so gut ein, dass er hinterher aus seiner Erinnerung eine frappierend naturgetreue Zeichnung entwerfen konnte. Aufgrund dieser Skizze veröffentlichte Wagner eine Mitteilung über den Solnhofener Fund und nannte ihn *Griphosaurus* („Rätselsaurier").

Wagners Beschreibung des „Rätselsauriers" – auch „Greifenechse" genannt – bekam der Direktor des „Britischen Museums" in London, Richard Owen (1804–1892), zu Gesicht. Dieser war immer auf Erweiterung der Fossiliensammlung um bedeutende Funde bedacht und schnell an einem Kauf des merkwürdigen Objektes aus Bayern interessiert. Am 2. Februar 1862 fragte daher der Konservator der geologischen Abteilung des „Britischen Museums", der Zoologe George Robert Waterhouse (1810–1888), schriftlich bei Häberlein an, ob dieser den Fund an das „Britische Museum" verkaufen würde. Der Pappenheimer Landarzt zeigte sich in seinem Antwortbrief vom 21. März 1862 nicht abgeneigt. Er schlug vor, ein Mitglied des Museums solle ihn besuchen und seine zum Verkauf stehende Sammlung begutachten. Waterhouse erkundigte sich brieflich am 29. März 1862 nach dem Preis der gesamten Sammlung Solnhofener Fossilien einschließlich des „Rätselsauriers". Häberlein verlangte 750 Pfund Sterling, war aber bereit, seine Forderung zu reduzieren, wenn nur ein Teil der Sammlung erworben werden sollte. Die Kuratoren des „Britischen Museums" beauftragten Mitte Juni 1862 Waterhouse, er solle nach Pappenheim reisen und Fossilien für nicht mehr als 500 Pfund erwerben.

Häberlein ging auf dieses persönlich von Waterhouse in Pappenheim unterbreitete Angebot nicht ein. Der Konservator musste erfolglos nach London zurückkehren. Owen notierte am 17. Juli 1862 in seinem Tagebuch: „Der alte deutsche Doktor hält hartnäckig an seinem Preis fest. Mr. Waterhouse ist mit leeren Händen zurückgekehrt. Wir sollten uns das Fossil nicht entgehen lassen." Am 10. Juli 1862 teilte Häberlein in einem Brief an das „Britische Museum" mit, dass er für seine Sammlung 700 Pfund haben wolle. Den Preis für die von Waterhouse getroffene Auswahl bezifferte er auf 650 Pfund. Owen riet dem Verwaltungsausschuss des „Britischen Museums", diese Summe zu akzeptieren. Doch der lehnte es ab, 400 Pfund vom laufenden Jahreshaushalt zu entnehmen und weitere 300 Pfund vom nächsten Etat. Der Verwaltungsausschuss hatte Bedenken, einer Zahlung zuzustimmen, die noch nicht vom Parlament bewilligt war.

Ungeachtet dessen verhandelte Waterhouse weiter mit Häberlein. Er machte dem Pappenheimer Arzt das Angebot, dass ein Teil der Sammlung, einschließlich des gefiederten Fossils, sofort für 450 Pfund gekauft werden sollte. Diese Summe lag bereit und überschritt nicht den vom Kuratorium festgelegten Höchstbetrag. Im Folgejahr sollte der Rest der Sammlung für 250 Pfund erworben werden. Häberlein nahm am 26. August 1862 die Offerte an. Am 13. September wurden die Kisten mit dem ersten Teil der Solnhofener Fossilien aus Augsburg abgeschickt. Im „Britischen Museum" traf die kostbare Fracht am 1. Oktober wohlbehalten ein. Im Jahr darauf wurde der zweite Teil des Geschäftes abgeschlossen. Insgesamt wechselten 1.703 Fossilien den Besitzer. Der im „Britischen Museum" aufbewahrte, aber nicht ausgestellte Urvogel (Inventarnummer: NHMUK 37001) heißt „Londoner Exemplar".

Der aufsehenerregendste Fossilfund jener Zeit wurde von Richard Owen, der ein erklärter Gegner der Abstammungslehre des Naturforschers Charles Darwin (1809–1882) war, wissenschaftlich untersucht und 1863 beschrieben. Wegen des langen Schwanzes des „Londoner Exemplars" schlug er für dieses den wissenschaftlichen Namen *Archaeopteryx macrura* vor. Der Artname *macrura* heißt zu deutsch „langschwänzig". Die eigentliche Bedeutung des Urvogels als eine Übergangsform zwischen Reptil und Vogel erkannte 1868 der Londoner Zoologe Thomas Henry Huxley (1825–1895), einer der ersten Naturwissenschaftler, der die Evolutionstheorie von Charles Darwin vertrat.

Der britische Mediziner, Zoologe, Anatom, Physiologe und Paläontologe Richard Owen (1804–1892) beschrieb 1863 das 1. Exemplar eines Urvogels („Londoner Exemplar") als Archaeopteryx macrura. Obiges Foto aus „Memoirs on the Extinct Wingless Birds of New Zealand" (1879) zeigt ihn neben dem Skelett des Nordinsel-Riesenmoas Dinornis novaezealandiae.

Richard Owen

Richard Owen, der 1863 das „Londoner Exemplar" als *Archaeopteryx macrura* beschrieb, war ein britischer Mediziner, Zoologe, Anatom, Physiologe und Paläontologe sowie einer der bedeutendsten Naturforscher des „Viktorianischen Zeitalters". Er kam am 20. Juli 1804 als sechstes und jüngstes Kind eines Kaufmanns in Lancaster zur Welt. Der Vater starb 1809, als Richard erst fünf Jahre alt war. Anschließend zog die Familie nach Castle Hill, wo die Mutter ein Mädcheninternat betrieb.
Von 1810 bis bis 1820 besuchte Richard die „Lancaster Royal Grammar School". Die dortigen Lehrer fanden ihn „faul und schamlos". Danach trat er als Matrose in die Armee ein und absolvierte bei Chirurgen und Apothekern eine Lehre. Gelegentlich sezierte er Leichen aus dem örtlichen Gefängnis. Damals wurde sein Interesse an Anatomie geweckt. Im Oktober 1824 begann er ein Studium an der medizinischen Abteilung der „Universität Edinburgh", wechselte aber bald an die private „Barclay School", in der Anatomie gelehrt wurde. 1826 bestand er die Prüfung für die Aufnahme in das „Royal College of Surgeons". Zu jener Zeit eröffnete er eine Arztpraxis, mit der er seinen Lebensunterhalt verdiente.
Ab 7. März 1827 ordnete und katalogisierte Owen als Assistenz-Kurator am „Hunterian Museum" in London die Sammlung von 13.000 menschlichen und anatomischen Objekten, die das Königshaus nach dem Tod des Chirurgen John Hunter (1728–1793) erworben hatte. Die umfangreiche Sammlung wurde dem „Royal College" mit der Auflage übergeben, sie durch ein Museum und Vorlesungsreihen der Öffentlichkeit und der Medizin zugänglich zu machen. Im Frühjahr 1831 waren die

ersten sechs Bereiche der Hunter-Sammlung katalogisiert und das Aufsichtsgremium des Museum mit Owens Arbeit sehr zufrieden. Nun beauftragte man ihn, sich drei Jahre lang mit den „Physilogical Series" von Hunters Sammlung zu befassen. Im Sommer 1831 besuchte Owen den berühmten französischen Naturforscher Georges Cuvier, der ihn nach Paris eingeladen hatte. 1832 veröffentlichte eine Arbeit über das Perlboot *Nautilus*. Im selben Jahr bewies er, dass das Schnabeltier ein Säugetier war.

1835 heiratete Owen die etwas ältere Caroline Amelia Clift (1801–1873), die Tochter von William Clift (1775–1849), der Kurator des „Hunterian Museums" und somit sein Vorgesetzter war. Dank seiner Vorlesungen wuchs der Bekanntheitsgrad von Owen als Wissenschaftler. Man schätzte ihn als Berater und Experten für die Regierung in wissenschaftlichen Belangen. Er unterrichtete die Kinder von Königin Victoria (1840–1901) in Naturgeschichte. Aber viele seiner Kollegen mochten ihn wegen seiner Eingebildetheit, Arroganz, seines Neids und seiner Rachsucht nicht. Von 1842 bis 1856 betätigte sich Owen als Konservator am „Hunterian Museum".

1856 berief man Owen zum Superintendanten der naturhistorischen Sammlungen des „Britischen Museums" in London. Im September 1858 trat er erstmals öffentlich für eine Auslagerung der naturgeschichtlichen Abteilung des „Britischen Museums" in ein eigenständiges Museum ein. 1873 begann die Erbauung eines neuen Museums in South Kensington, das im April 1881 eröffnet wurde. Sein erster Direktor war Owen. Erst 1963 wurde dieses Museum ganz selbstständig und in „Natural History Museum" umbenannt. Der brillante Systematiker Owen hat zahlreiche lebende oder fossile Tierarten wissenschaftlich beschrieben. Zum Beispiel:

1839 das Riesenfaultier *Mylodon darwini*,
1840 das Faultier *Glossotherium robustum*,

1841 den Elefantenfußdinosaurier *Cetiosaurus*,
1842 den Plesiosaurier *Pliosaurus brachydeirus*,
1843 den Nordinsel-Riesenmoa *Dinornis novaezealandiae*,
1845 das Beuteltier Südlicher Haarnasen-Wombat *Lasiorhinus latifrons*,
1846 den Südinsel-Riesenmoa *Dinornis robustus*,
1850 das Meeresreptil *Coniasaurus cressidus*,
1854 den Prosauropoden *Massospondylus caintathius*
1857 den Beutellöwen *Tylacoleo carnifera*,
1866 den Mauritiuspapagei *Lophopsittacus mauritius*,
1866 den Kleinen Pottwal *Kogia simus*,
1873 das Beuteltier Nördlicher Haarnasen-Wombat *Lacsiorhinus kreffti*,
1875 den Elefantenfußdinosaurier *Bothriospondylus usffossus*.
Während seiner Untersuchungen an in Großbritannien gefundenen Reptilienfossilien schlug Owen am 2. August 1841 erstmals den Begriff „Dinosauria" („Schreckensechsen") vor. Allein von 1856 bis 1863 publizierte er mehr als 100 Veröffentlichungen. 1883 ging Owen in den Ruhestand. Am 5. Januar 1884 ernannte man ihn zum „Knight Commander des Order of the Bath" („KCB") und damit zum Sir. Im Alter wurde Sir Richard Owen taub und erkrankte an Mundkatarrh (Stomatitis). Am 18. Dezember 1892 starb er im Alter von 88 Jahren im Richmond Park in London.

*Steuerberater Ernst Otto Häberlein (1819–1896)
aus Weidenbach bei Ansbach,
Verkäufer des 2. Exemplars eines Urvogels
(„Berliner Exemplar").
Reproduktion eines Fotos vor 1896*

2. Exemplar: „Berliner Exemplar"

Die Entdeckungsgeschichte des wertvollsten Fossils aller Zeiten wurde lange Zeit falsch geschildert. Früher hieß es, der heute in der Fachliteratur wegen seines Aufbewahrungsortes als „Berliner Exemplar" bezeichnete Urvogel sei im Herbst 1876 von dem Landwirt und Gastwirt Johann Dörr (1841–1915) auf dem Blumenberg bei Eichstätt (Oberbayern) entdeckt worden. Doch im Frühjahr 2005 informierte die Eichstätter Steinbruchbesitzerin und Firmenleiterin Gunda Mayer den Fossilien-Experten und anerkannten Urvogel-Forscher Helmut Tischlinger aus Stammham, wie es wirklich war.
Der Schilderung von Frau Mayer zufolge hat ihr Urgroßvater, der Landwirt, Steinbruch- und Sandgrubenbesitzer Jakob Niemeyer (1839–1906), genannt „Sandjakl", aus dem Ort Blumenberg (heute ein Stadtteil von Eichstätt), vermutlich schon 1875 oder sogar 1874 in seinem Steinbruch den Urvogel geborgen. Tischlinger recherchierte, dass Dörr zum Zeitpunkt dieser Entdeckung noch gar keinen Steinbruch besessen hatte. Niemeyer, dessen einzige Kuh gerade verendet war, verkaufte den Fund für eine Kuh zum damaligen Wert von 150 bis 180 Mark an seinen Nachbarn Josef Dörr, der das noch im Stein verborgene Fossil als Flugsaurier fehldeutete. Dörr veräußerte den Fund für 300 Mark an den Steuerberater Ernst Otto Häberlein (1819–1896) aus Weidenbach bei Ansbach. Letzterer war der Sohn des 1871 verstorbenen Pappenheimer Landarztes Carl Friedrich Häberlein, der den 1861 entdeckten Urvogel („Londoner Exemplar") an das „Britische Museum" in London verkauft hatte. Der Steuerberater präparierte das von einer

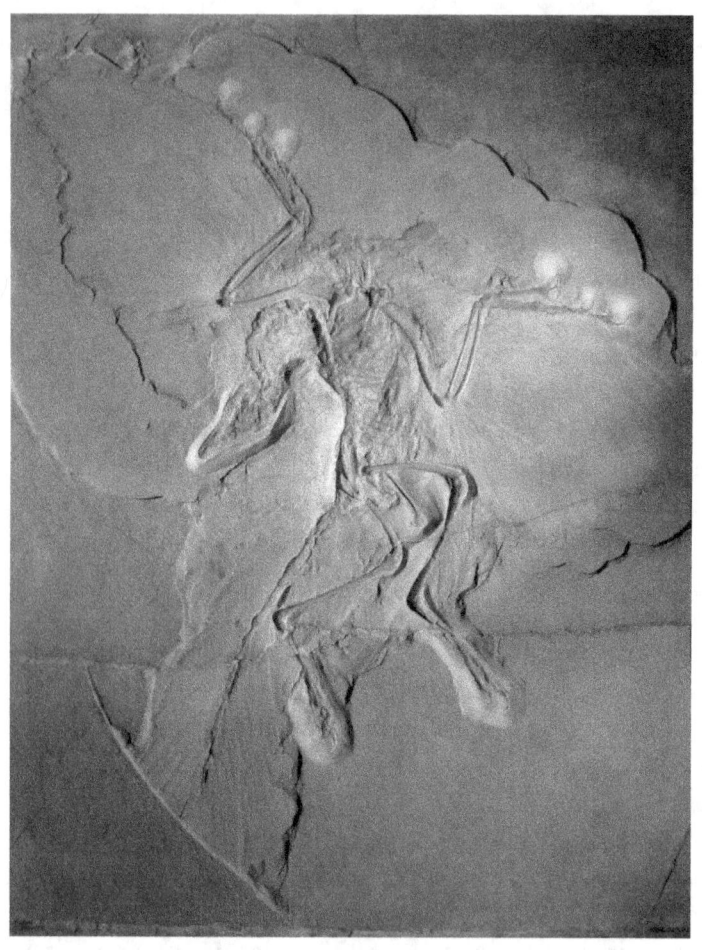

2. Exemplar („Berliner Exemplar") des Urvogels Archaeopteryx vom Blumenberg bei Eichstätt in Oberbayern,
Original im „Museum für Naturkunde" in Berlin ausgestellt,
Foto: H. Raab (User Vesta) / CC-BY-SA3.0
(via Wikimedia Commons),
lizensiert unter Creative-Commons-Lizenz by-sa-3.0-de
http://creativecommons.org/licenses/by-sa/3.0/legalcode

dünnen Gesteinsschicht bedeckte Fossil vorbildlich, bemerkte als erster Federabdrücke und seine wahre Natur als Urvogel. Weil er daran interessiert war, dass die aufsehenerregende Entdeckung nicht ins Ausland ging, schloss Ernst Oto Häberlein mit Otto Volger (1822–1897), dem Obmann des „Freien Deutschen Hochstifts" in Frankfurt am Main, einem Institut zur Pflege der Wissenschaft, Kunst und Bildung, einen Vertrag ab. Darin verpflichtete er sich, Volger „zum Zwecke der Vermittlung des Ankaufs für das Freie Deutsche Hochstift selbst oder irgendeine andere deutsche Körperschaft für die Dauer von sechs Monaten" das Fossil zu überlassen. Niemand durfte Kopien, Zeichnungen oder Fotos herstellen. Als Kaufsumme für den Urvogel und andere Fossilien aus Solnhofen wurden 36.000 Goldmark genannt.

Das halbe Jahr ging um, ohne dass es zum Verkauf kam. Die Frist wurde verlängert, doch es fand sich kein zahlungskräftiger Interessent. Ernst Otto Häberlein nahm die *Archaeopteryx* wieder zurück und bot sie verschiedenen Museen an, denen jedoch die erforderlichen Mittel fehlten. Als Häberlein seine Sammlung inklusive *Archaeopteryx* dem preußischen Kultusministerium zum mittlerweile auf 26.000 Goldmark reduzierten Preis anbot, besichtigte der Direktor des „Mineralogischen Museums" an der Berliner „Humboldt-Universität", Geheimrat Heinrich Ernst Beyrich (1815–1896), den Urvogel. Er riet zum Ankauf, doch standen die nötigen Mittel nicht sofort bereit. Viele Wissenschaftler baten damals die deutsche Reichsregierung, die wertvolle Versteinerung nicht wie den Vorgängerfund aus dem Land zu lassen. Am meisten erregte sich der 1848 aus politischen Gründen nach Genf emigrierte Zoologieprofessor Carl Vogt (1817–1895) über das Desinteresse Wilhelms I.: „Seine Majestät haben sich auf diese Äußerungen nicht eingelassen", polemisierte er. „Ja, wenn es sich statt um einen Vogel um ein versteinertes Geschütz gehandelt hätte!"

Im „Museum für Naturkunde" in der Invalidenstraße 43
in Berlin-Mitte fand das 2. Exemplar eines Urvogels
vom Blumenberg bei Eichstätt in Oberbayern eine neue Heimat.
Foto: Jörg Zagel / CC-BY-SA3.0 (via Wikimedia Commons),
lizensiert unter Creative-Commons-Lizenz by-sa-3.0,
https://creativecommons.org/licenses/by-sa/3.0/legalcode

Im April 1880 erfuhr der Physiker und Erfinder Werner von Siemens (1816–1892), wie schwierig es für ein deutsches Museum war, den wissenschaftlich wertvollen Fund zu erwerben. Als der Kustos der Berliner geologisch-paläontologischen Sammlung, Wilhelm D. Dames (1843–1898), den Gedanken vortrug, Siemens solle diese *Archaeopteryx* erwerben und dem Kultusministerium die Möglichkeit des Rückkaufes für ein Jahr offen halten, willigte der Industrielle ein. Er kaufte den Urvogel zum nunmehr ermäßigten Preis von 20.000 Goldmark, was einer heutigen Kaufkraft von mindestens 500.000 bis einer Million Euro entspricht. Großzügigerweise ließ er sogar die *Archaeopteryx* vor der endgültigen finanziellen Regelung im damaligen „kgl. Mineralogischen Museum" der „Universität Berlin" ausstellen. Seitdem wird dieser Urvogel „Berliner Exemplar" genannt. Am 8. Februar 1881 bat der preußische Kultusminister Robert von Puttkamer (1828–1900) dann Werner von Siemens, den Preis von 20.000 Goldmark in zwei Raten von je 10.000 Goldmark im April 1881 und im April 1882 zahlen zu dürfen, worauf der Industrielle einging. Das „Berliner Exemplar" (Inventarnummer: MB Av 101) wurde 1884 von Wilhelm D. Dames als *Archaeopteryx siemensii* beschrieben. Damit ehrte er Werner von Siemens, der das seltene Fossil finanziert hatte. Der serbische Forscher Branislav Petronievics (1875–1954) benannte es 1917 um in *Archaeornis siemensii*. Nach weiteren Untersuchungen des früheren Direktors des „Britischen Museums" in London, Sir Gavin de Beer (1899–1972), von 1954 neigte man wieder dazu, das „Londoner Exemplar" und das „Berliner Exemplar" der gleichen Gattung und Art, nämlich *Archaeopteryx lithographica*, zuzuordnen.

Gegen Ende des „Zweiten Weltkrieges" wurde das „Berliner Exemplar" sowohl vor der Zerstörung bei Luftangriffen sowie vor dem Abtransport nach Russland bewahrt. Als die Bombardements in Berlin zunahmen, entfernte man im Museumskeller einige Bodenplatten, hob eine Grube aus, versenkte darin den Urvogel in einer feuerfesten Stahlkassette zusammen mit dem Kopf eines riesigen Dinosauriers aus Afrika. Danach tarnte man das Versteck mit Sand und Bodenplatten so gut, dass es bei Kriegsende nicht sofort aufspürbar war.

Das „Berliner Exemplar" blieb von der Kiefer- bis zur Schwanzspitze erhalten. In diesem Fall ist ein Urvogel fossil überliefert worden, der bei seiner Einbettung in den Bodenschlamm des Oberjura-Meeres noch nicht zerfallen war. Alle Knochen befinden sich noch in natürlicher Position. Es handelt sich um den ersten *Archaeopteryx*-Fund, bei dem der bezahnte Kopf noch vorhanden war. Wie bei Vogelleichen üblich, krümmt sich der Hals mit dem Kopf rückwärts. Auf der Hauptplatte sind die Flügel mit dem Abdruck des Gefieders symmetrisch ausgebreitet. Aus dem Flügel ragen jeweils die drei Finger jeder Hand mit scharfen Krallen heraus. Die Hinterbeine sind fast in Laufstellung erhalten. Am langen, echsenartigen Wirbelschwanz befindet sich ein langer und breiter Schwanzfächer. Die Gegenplatte enthält kaum Knochenreste.

2003, 2004 und 2005 nahm der Urvogel-Experte Helmut Tischlinger am Schultergürtel des „Berliner Exemplars" umfangreiche Untersuchungen unter langwelligem ultravioletten Licht mit einer verbesserten Filterungstechnik vor. Dabei konnte er mehrere bislang unklare Einzelheiten des Skelettbaus unterscheiden und wissenschaftlich beschreiben. Untersuchungen am Schultergürtel des „Berliner Exemplars" durch Tischlinger zeigten, dass dieser Urvogel nicht gut und ausdauernd fliegen konnte. Er habe eher wie ein Hühnervogel gelebt. Überraschenderweise stellte sich zudem heraus, dass die Reste der Federn nicht nur als Abdruck, sondern stellenweise auch als dunkler Substanzfilm erhalten sind. Die Federreste stimmen in ihrem Bau mit Federn moderner Vögel überein. Tischlinger vermutet, der Urvogel sei rebhuhnfarben gemustert gewesen. Andere Forscher dagegen zogen später nach Untersuchungen des 1860 entdeckten Federabdrucks den Schluss, *Archaeopteryx* habe schwarze Federn getragen.

Urvogel Archaeopteryx mit schwarzem Federkleid.
Untersuchungen des 1860 in Solnhofen entdeckten Federabdrucks ergaben, dass Archaeopteryx schwarze Federn trug.
Nobu Tamura / http:/spinops.blogspot.com / CC-BY-SA3.0
(via Wikimedia Commons),
lizensiert unter Creative-Commons-Lizenz by-sa-3.0-de
http://creativecommons.org/licenses/by-sa/3.0/legalcode

*Wilhelm Barnim Dames (1843–1898) beschrieb 1884
das „Berliner Exemplar" des Urvogels
und nannte es Archaeopteryx siemensii.
Foto: Familienbesitz (via Wikimedia Commons),
Lizenz: gemeinfrei (Public domain)*

Wilhelm Dames

Wilhelm Barnim Dames, der 1884 das „Berliner Exemplar" als *Archaeopteryx siemensii* beschrieb, wurde am 9. Juni 1843 als Sohn eines Breslauer Appellationsgerichtrats in Stolp (Pommern) geboren. Ab 1858 besuchte er das „Maria-Magdalenen-Gymnasium" in Breslau. 1864 legte er das Abitur ab. Danach studierte er an den Universitäten in Berlin und Breslau. 1868 promovierte er als Schüler des Geologen, Paläontologen und Mineralogen Ferdinand von Roemer (1818–1891). 1871 wurde er Assistent am „Museum für Geologie und Paläontologie" der „Universität Berlin" (heute: „Museum für Naturkunde", Berlin). 1874 habilitierte er und 1878 wurde er an der „Humboldt-Universität zu Berlin" außerordentlicher Professor. 1877 ehelichte er die Tochter Mathilde Wilhelmine Emilie des estnischen Barons Robert von Toll (1802–1876). In den Jahren 1881, 1884 und 1890 unternahm er Reisen nach Schweden. Über die dabei gewonnenen Erkenntnisse schrieb er mehrere Abhandlungen. Zusammen mit dem Marburger Paläontologen und Geologen Emanuel Kayser (1845–1925) gab Dames von 1882 bis 1897 die „Paläontologischen Abhandlungen" heraus. In seinen Veröffentlichungen befasste er sich mit fossilen Wirbeltieren, eiszeitlichen Ablagerungen in der norddeutschen Ebene und ihren Geschieben sowie mit Untersuchungen über Trilobiten und Seeigel. Im Auftrag der preußischen Landesanstalt kartierte er als Geologe im Harzvorland. 1891 berief man ihn als Nachfolger von Heinrich Ernst Beyrich (1815–1896) zum ordentlichen Professor für Geologie und Paläontologie. Seit 1892 war er Mitglied der „Preußischen Akademie der Wissenschaften". Wilhelm Dames starb am 22. Dezember 1898 im Alter von 55 Jahren in Berlin. Man setzte ihn auf dem „Alten Zwölf-Apostel-Kirchhof" in Schöneberg bei.

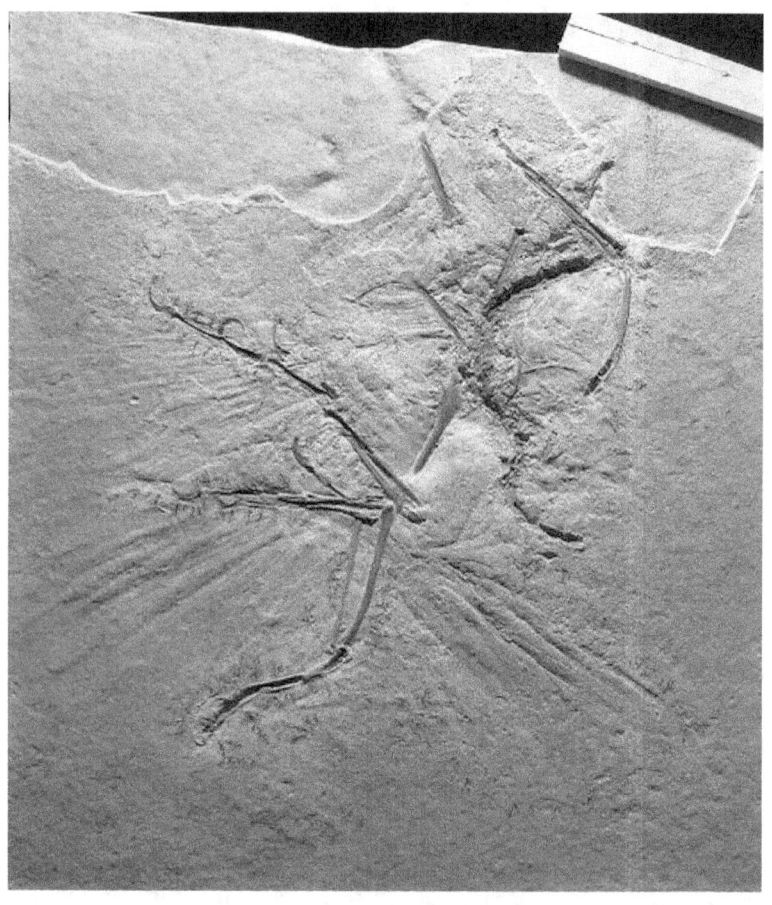

*Verschollenes 3. Exemplar eines Urvogels
(„Maxberg-Exemplar" bzw. „Opitsch-Exemplar")
von der Langenaltheimer Haardt bei Langenaltheim in Mittelfranken.
Foto: H. Raab (User Vesta) / CC-BY-SA3.0
(via Wikimedia Commons),
lizensiert unter Creative-Commons-Lizenz by-sa-3.0-de
http://creativecommons.org/licenses/by-sa/3.0/legalcode*

3. Exemplar: „Maxberg-Exemplar"

Im Steinbruch von Eduard Opitsch (1900–1991) auf der Gemarkung Langenaltheimer Haardt bei Langenaltheim (Mittelfranken) wurde 1956 ein fragmentarisch erhaltenes Urvogel-Skelett ohne Kopf und mit nur unscharf erkennbaren Federabdrücken entdeckt. Nur ungefähr 250 Meter davon entfernt ist 1861 das „Londoner Exemplar" zum Vorschein gekommen. Der Fund von 1956 umfasste die Hauptplatte (Positivplatte) und die Gegenplatte (Negativplatte). Anfangs wusste der Steinbruchbesitzer noch nicht, worum es sich bei dem auf den ersten Blick eher unscheinbar wirkenden Fossil eigentlich handelte. Im Spätherbst 1958 zeigte Opitsch dem Erlanger Diplom-Geologen Klaus Fesefeldt, der damals Solnhofener Schichten wissenschaftlich untersuchte, seinen Fund. Der Geologe erkannte, dass es eine *Archaeopteryx* war.
Eine wissenschaftliche Beschreibung erfolgte 1959 durch den Paläontologen Florian Heller (1905–1978) vom „Geologischen Institut" der „Universität Erlangen". Heller schlussfolgerte, das 3. Urvogelexemplar stimme hinsichtlich Größe und anderen Merkmalen mit dem 1. Exemplar („Londoner Exemplar") überein. Beide gehörten zur Art *Archaeopteryx lithographica*. Offenbar war diese Urvogel-Leiche längere Zeit im Wasser getrieben und der Kopf bereits abgefallen, bevor der Kadaver auf den Boden des Oberjura-Meeres sank. Die Flügel waren aus ihrer natürlichen Lage verschoben und die Hinterbeine auseinandergefallen. Schwach erkennbar sind Abdrücke der Befiederung. Der Schwanz fehlte. Bei der wissenschaft-

Lebensbild von Urvögeln der Gattung Archaeopteryx, geschaffen von dem dänischen Künstler, Amateur-Ornithologen und Paläontologen Gerhard Heilmann (1859–1946), veröffentlicht in seinem Werk „The Origin of Birds" (1926)

lichen Untersuchung verwendet man erstmals Röntgenaufnahmen. Auf den Röntgenbildern erkannte man die an ihrem oberen Ende bereits verwachsenen Mittelfußknochen. Bei gegenwärtigen Vögeln sind diese Knochen zu einem einzigen Laufknochen verwachsen, bei Sauriern dagegen völlig geötrennt. Das sogenannte „Opitsch-Exemplar" war 18 Jahre lang im „Museum beim Solenhofener Aktien-Verein" auf dem Maxberg (Gemeinde Mörnsheim) ausgestellt und wird deswegen „Maxberg-Exemplar" genannt. Jener Urvogel wurde 1974 von dem Steinbruchbesitzer Eduard Opitsch aus dem „Maxberg-Museum" abgeholt und war fortan der Wissenschaft nicht mehr zugänglich. Angeblich hatte er sich über eine Bemerkung eines Neiders über die schlechte Erhaltung seiner *Archaeopteryx* geärgert. „Opitsch war ein empfindsamer Mann, der alles gleich persönlich nahm", erklärte Theo Kress, der Leiter des Museums am Maxberg. Seit dem Tod von Opitsch im Jahre 1991 gilt dieser Urvogel als verschollen. Ermittlungen der Staatsanwaltschaft verliefen ergebnislos. Es wurde spekuliert, Opitsch habe seine *Archaeopteryx* an einem heute nicht mehr bekannten Ort versteckt oder an einen bislang unbekannten Sammler verkauft. Manche Einwohner von Solnhofen äußerten sogar den Verdacht, Opitsch könne den Urvogel-Fund zerstört haben, um zu verhindern, dass er seinen Erben in die Hände falle.

Das „Museum beim Solenhofer Aktienverein" auf dem Maxberg schloss Ende 2004 seine Pforten und zog nach Gunzenhausen um. Pläne der Marktgemeinde Mörnsheim, das Museum in der Gemeinde zu halten und im ehemaligen Schulhaus unterzubringen, waren gescheitert.

Der Erlanger Paläontologe Florian Heller (1905–1978) beschrieb 1959 das 3. Exemplar eines Urvogels („Maxberg-Exmplar"). Foto: Dr. Brigitte Hilpert, Geozentrum Nordbayern, Fachgruppe PaläoUmwelt, Erlangen

Florian Heller

Florian Jakob Rudolf Heller, der 1959 das „Maxberg-Exemplar" des Urvogels *Archaeopteryx* beschrieb, kam am 12. Juli 1905 als Sohn eines Oberlehrers in Nürnberg zur Welt. Zwischen 1911 und 1915 besuchte er die Volkshauptschule und zwischen 1915 und 1924 das Realgymnasium, wo er seine Reifeprüfung bestand. Er studierte von 1924 bis 1930 in Erlangen, München, Heidelberg und erneut in Erlangen die Fächer Chemie, Geologie, Paläontologie, Mineralogie, Petrographie, Geographie und Zoologie. Seine Promotionsprüfung bestand er am 27. Februar 1929 mit „magnum cum laude" (mit großem Lob). Seine Doktorarbeit hieß: „Geologische Untersuchungen im Bereich des fränkischen Grundgipses". Die Doktorurkunde trägt das Datum 15. Dezember 1930.
Vom August 1929 bis zum September 1930 arbeitete Heller als wissenschaftliche Hilfskraft am „Geologisch-Paläontologischen Institut" der „Universität Halle/Saale". Ab 1. Oktober 1930 war er Assistent in Gießen, wo er sich am 31. April 1935 habilitierte. In jenem Jahr wechselte er als Assistent und Kustos an das „Geologisch-Paläontologische Institut" der „Universität Heidelberg" Dort ernannte man ihn am 21. April 1936 zum Dozent und am 21. Juli 1942 zum Professor. Nach dem „Zweiten Weltkrieg" kehrte Heller 1945 nach Franken zurück. 1949 zog er in seinen Geburtsort Nürnberg. Am 1. März 1951 übertrug man ihm eine Diätendozentur für Geologie und Paläontologie an der „Universität Erlangen". Dort habilitierte er sich am 26. Mai 1951 um. Am 12. Juli 1951 erfolgte seine Ernennung zum Privatdozenten und Professor. Ab 18. März 1958 war er außerordentlicher Professor und ab 17. Oktober 1962 außerordentlicher Professor für

Paläontologie Seine Emeritierung erfolgte am 2. September 1971. Vom 1. April 1971 bis zum 31. März 1972 betraute man Professor Heller mit der Lehrstuhlvertretung. Er starb am 22. September 1978 im Alter von 73 Jahren in Nürnberg.

Lebensbild von Urvögeln der Gattung Archaeopteryx, geschaffen von dem Berliner Tiermaler Heinrich Harder (1858–1935)

4. Exemplar: Die falsche *Archaeopteryx*

Seit 1970 galt ein bereits 1855 in einem Steinbruch bei Jachenhausen nahe Riedenburg (Niederbayern) entdecktes Skelett eines Wirbeltieres als 4. Exemplar einer *Archaeopteryx*. Damals identifizierte der amerikanische Wirbeltierpaläontologe John H. Ostrom dieses 1857 von dem Frankfurter Paläontologen Hermann von Meyer als Kurzschwanz-Flugsaurier *(Pterodactylus crassipes)* und 1966 von dem Münchener Paläontologen Peter Wellnhofer als Langschwanz-Flugsaurier (*Scaophognathus crassipes*) verkannte Fossil als Urvogel *(Archaeopteryx lithographica)*.
Nach weiteren Studien von *Archaeopteryx* und von Raubdinosauriern vertrat Ostrom die Theorie, die Vögel stammten von Dinosauriern ab. Heute betrachtet man *Archaeopteryx* für einen gefiederten und flugfähigen Raubdinosaurier. Die deutschen Wirbeltierpaläontologen Christian Foth und Oliver Walter Mischa Rauhut stellten 2017 bei einer Neuuntersuchung fest, dass es sich um einen noch ursprünglicheren Vogelvorfahren, einen sogenannten Anchiornithiden, handelt. Die beiden Experten gaben diesem seit 1860 im „Teylers Museum" in Haarlem (Niederlande) aufbewahrten Fossil mit der Inventarnummer „TM 6928" den wissenschaftlichen Namen *Ostromia crassipes*. Von der Gattung *Anchiornis* aus der frühen Oberjurazeit hat man in China einige hundert Exemplare geborgen. Dabei handelt es sich um kleine vogelähnliche Raubdinosaurier, deren Flugfähigkeit ungeklärt ist. Weil die Grenzziehung zwischen Urvögeln und gefiederten Raubdinosauriern fließend ist, wird auch das 4. Exemplar (das sogenannte „Haarlemer Exemplar") als Urvogel bezeichnet.

Die Beibehaltung der alten Aufzählungsweise hat den großen Vorteil, dass so Verwechslungen verhindert werden. Ohne diese Vorgehensweise hätte man nach 2017 das 4. bis 13. Exemplar umnummerieren müssen.

Skelett des gefiederten Dinosauriers Anchiornis huxleyi aus der frühen Oberjurazeit in China.
Foto: Kumiko, Tokio / CC-BY-SA2.0 (via Wikimedia Commons), lizensiert unter Creative-Commons-Lizenz by-sa-2.0-en, https://creativecommons.org/licenses/by-sa/2.0/legalcode

*Lebensbild von Urvögeln der Gattung Archaeopteryx,
geschaffen von dem dänischen Künstler, Amateur-Ornithologen
und Paläontologen Gerhard Heilmann (1859–1946),
veröffentlicht in seinem Buch
„Vor Nuvaerende Viden om Fuglenes Afstamming" (1916)*

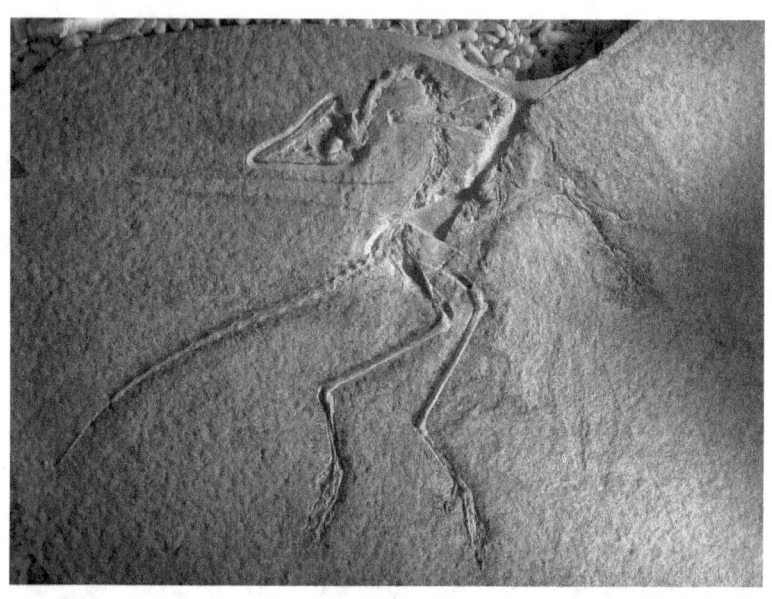

5. Exemplar eines Urvogels („Eichstätter Exemplar")
von der Petershöhe bei Workerszell nahe Eichstätt in Oberbayern,
Original im „Jura-Museum" in Eichstätt ausgestellt.
Foto: H. Raab (User Vesta) / CC-BY-SA3.0
(via Wikimedia Commons),
lizensiert unter Creative-Commons-Lizenz by-sa-3.0-de
http://creativecommons.org/licenses/by-sa/3.0/legalcode

5. Exemplar: „Eichstätter Exemplar"

Der Steinbruchbesitzer Franz Xaver Frey (1896–1965) entdeckte vermutlich im Frühjahr 1951 in seinem Steinbruch auf der Petershöhe bei Workerszell unweit von Eichstätt (Oberbayern) ein kleines fossiles Skelett, das auf mehreren Plattenbruchstücken überliefert war. Danach ging er sofort zu zwei Männern, die auf dem Nachbargrundstück Steine brachen, und zeigte ihnen seinen Fund „einer besonderen Versteinerung". Die zwei Angesprochenen waren Vater und Sohn und hießen beide Ludwig Niefnecker. Frey hielt seinen Fund für einen Flugsaurier wie *Rhamphorhynchus*. In seiner Familie sprach man immer nur vom „Eidaxl", also von einer Eidechse.
Im März 1951 bot Frey seinen Fund dem katholischen Priester, Leiter der „Naturwissenschaftlichen Sammlungen des Bischöflichen Seminars" in Eichstätt und Professor der Naturwissenschaften an der Hochschule in Eichstätt, Franz Xaver Mayr (1887–1974), zum Kauf an. Fossilien hatten damals einen geringen Marktwert. Zum Beispiel konnte man 1955 eine versteinerte Heuschrecke für drei Mark, eine Libelle für sechs Mark und einen Besenfisch für neun Mark erwerben. Heute kostet eine gut erhaltene Eichstätter oder Solnhofener Libelle aus der Oberjurazeit vor etwa 150 Millionen Jahren einige hundert Euro.
Professor Mayr erschien das 1951 von Frey für wenig Geld erworbene Fossil zunächst wie ein kleines Reptil ähnlich dem Raubdinosaurier *Compsognathus longipes*. Erst nach dem Kauf erkannte er den Fund eindeutig als *Archaeopteryx*. Bei seitlicher Beleuchtung des Fossils fielen schwache Abdrücke des Fe-

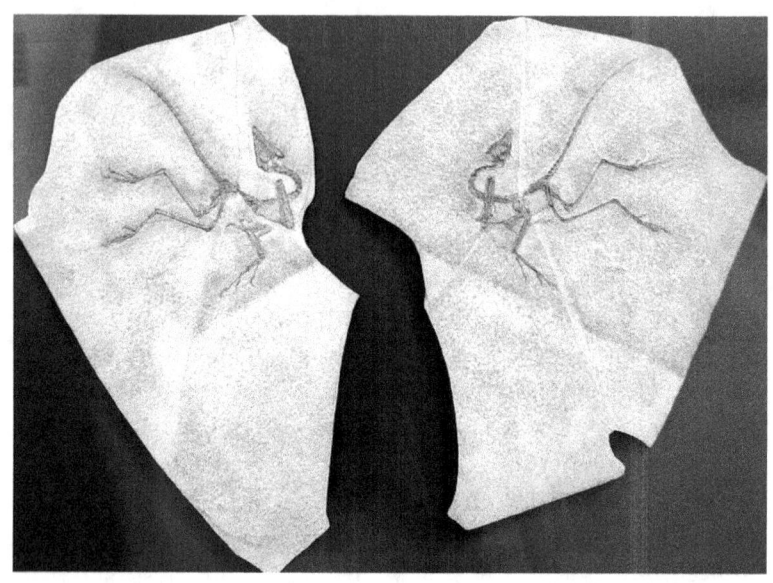

Kopien der Positivplatte und Negativplatte des 5. Exemplars eines Urvogels („Eichstätter Exemplar")
von der Petershöhe bei Workerszell nahe Eichstätt in Oberbayern im „American Museum of Natural History", New York City.
Original im „Jura-Museum" in Eichstätt ausgestellt.
Foto: Ryan Somma / CC-BY-SA2.0 (via Wikimedia Commons), lizensiert unter Creative-Commons-Lizenz by-sa-2.0,
https://creativecommons.org/licenses/by-sa/2.0/legalcode

derkleides auf. Mayr war besorgt, dass er Schwierigkeiten bekommen könnte, weil er das seltene Fossil – wenn auch unwissentlich – unter falschen Voraussetzungen für einen geringen Kaufpreis erworben hatte. Er hielt mehr als 20 Jahre geheim, dass es sich um eine *Archaeopteryx* handeln könnte. Erst 1972 zeigte er den Fund dem Kustos der „Bayerischen Staatssammlung für Paläontologie und Historische Geologie" in München, Peter Wellnhofer. Am 30. Juli 1972 schloss das „Bischöfliche Seminar St. Willibald" mit den Erben von Franz Xaver Frey eine Vereinbarung. Danach bezahlte man an die Erben eine nach ideellen Maßstäben bemessene Summe aus und richtete für den verstorbenen Entdecker Frey eine Messstiftung auf 50 Jahre ein. Am Sterbetag (5. Oktober) und an seinem Namenstag (3. Dezember) wurden in der Schutzengelkirche für ihn Gottesdienste abgehalten.

Ein Jahr vor seinem Tod veröffentlichte Mayr 1973 in der „Paläontologischen Zeitschrift" den Beitrag „Ein neuer *Archaeopteryx*-Fund", durch den die Wissenschaft mehr als 20 Jahre nach der Entdeckung erstmals von dieser *Archaeopteryx* erfuhr. „Die späte Veröffentlichung des neuen Urvogel-Fundes steht im Zusammenhang mit den jahrelang sich hinziehenden Verhandlungen über den Museumsplan, der aber jetzt gesichert erscheint", erklärte Mayr. 1974 beschrieb der Münchener Paläontologe Peter Wellnhofer diesen Fund, der aus den Oberen Solnhofener Schichten stammt.

Das Fossil mit der Inventarnummer „JM 2257" wird seit 1976 im damals eröffneten „Jura-Museum" auf der Willibaldsburg in Eichstätt aufbewahrt. Die Eröffnung dieses Museums hat Mayr nicht mehr erlebt. Das „Eichstätter Exemplar" ist der erste Urvogel, den man im Fundland Bayern ausgestellt hat. Beim „Eichstätter Exemplar" blieb der Kopf sehr gut erhalten. In seiner großen Augenhöhle kann man einen Ring aus kleinen Knochenplättchen erkennen, der das Auge schützte.

Willibaldsburg in Eichstätt von Westen.
Dort befindet sich seit 1976 das „Jura-Museum".
Foto: Joe MiGo (via Wikimedia Commons),
Lizenz: gemeinfrei (Public domain)

Solche Augenringe besaßen auch Fischsaurier und Flugsaurier, aber auch manche heutige Vögel weisen sie auf. Deutlich sichtbar sind die kleinen, spitzen Zähne in den Kiefern, die als Sauriermerkmal gelten. Der Schädelhohlraum, in dem sich das Gehirn befand, zeigt, dass *Archaeopteryx* noch kein typisches Vogelgehirn besaß.

Nach Ansicht des Münchener Urvogel-Experten Peter Wellnhofer ist die Todesursache des „Eichstätter Exemplars" nicht eindeutig feststellbar. In der Publikation „Solnhofener Plattenkalk: Urvögel und Flugsaurier" (1983) vermutete er, der Eichstätter Urvogel sei sicher nicht an Altersschwäche gestorben, da es sich um ein noch nicht ausgewachsenes Jungtier gehandelt habe. Spuren von Gewalteinwirkung beispielsweise durch Raubsaurier, lägen nicht vor. Das Tier könnte während eines heftigen tropischen Sturms auf See ertrunken sein.

Der Fundort des „Eichstätter Exemplars" liegt etwa zwei Kilometer von der Stelle entfernt, an der man 1875 oder vielleicht sogar 1874 auf dem Blumenberg bei Eichstätt das besonders gut erhaltene „Berliner Exemplar" geborgen hat.

1984 schlug der Londoner Zoologe Michael E. Howgate bei der „International Archaeopteryx Conference Eichstätt" wegen Verschiedenheiten in Größe, Gliedmaßen-Proportionen, Form des Ischiums (Sitzbein) und relativer Lage der Pubis (Schambein) für das „Eichstätter Exemplar" den neuen wissenschaftlichen Namen *Jurapteryx recurva* vor. Zuvor verwendete er den Namen *Archaeopteryx recurva*. Beide Begriffe konnten sich nicht durchsetzen.

Der Steinbruch von Franz Xaver Frey auf der Petershöhe bei Workerszell, in dem 1951 das „Eichstätter Exemplar" ans Tageslicht gekommen war, ist mittlerweile aufgegeben und verfüllt.

*Franz Xaver Mayr (1887–1974),
katholischer Priester und Professor der Naturwissenschaften
an der „Theologischen Hochschule" in Eichstätt.
Er war der Käufer des 5. Exemplars eines Urvogels
(„Eichstätter Exemplar").
Foto: Jura-Museum Eichstätt*

Franz Xaver Mayr

Franz Xaver Mayr, der Käufer des „Eichstätter Exemplars" des Urvogels *Archaeopteryx,* war der „geistige Vater" des „Jura-Museums" in Eichstätt. Die Idee und der Name dieses Museums, das prachtvolle Fossilien aus der Oberjurazeit vor etwa 150 Millionen Jahren zeigt, gehen auf ihn zurück. Der Sohn eines Zollbeamten erblickte am 21. Februar 1887 in Pfronten-Ried das Licht der Welt. Seine Eltern zogen später nach Regensburg, wo Franz Xaver seine Kindheit und Jugendzeit verbrachte. Früh interessierte er sich für alle Naturwissenschaften, vor allem für die Pflanzenwelt, und sammelte Fossilien und Mineralien. Ab 1906 studierte Mayr drei Semester in München, danach je ein Semester in Kiel, Würzburg und Erlangen. 1909 absolvierte er in München die Lehramtsprüfung für beschreibende Naturwissenschaften. Anschließend arbeitete er als wissenschaftlicher Assistent bei den Professoren Ludwig Radlkofer (1892–1927) und Karl von Goebel (1855–1932) am „Botanischen Institut" in München. Ab 1912 befasste er sich in Erlangen mit seiner Dissertation über eine Wasserpflanzenfamilie, zu welcher unter anderem der Froschlöffel gehört. 1914 erfolgte die Promotion.

Während seiner Doktorarbeit zog sich Mayr ein Lungenleiden zu, weswegen er vom Kriegsdienst befreit wurde. Danach wirkte er als Lehrer für Chemie, Biologie und Geographie in Regensburg, Landshut und ab 1918 in Aschaffenburg, 1921 schied er aus dem Staatsdienst aus und wurde katholischer Priester. Am 1. Oktober 1923 ernannte man ihn zum Professor der Naturwissenschaften an der „Theologischen Hochschule" in Eichstätt. In der fossilreichen Eichstätter Gegend arbeitete er sich in die Geologie und Paläontologie ein. Da er kein Auto besaß, trug er zu Fuß kilometerweit selbst gefundene oder gekaufte Fossilien im Rucksack nach Eichstätt. Dank seines Engagements entwickelte sich die Fossiliensammlung des „Bischöflichen Seminars" in Eichstätt zu einer der wissenschaftlich wertvollsten in Bayern. Damit schuf er die Grundlage für das „Jura-Museum" in Eichstätt. Wegen seiner Verpflichtungen als Priester, Hochschullehrer, Kreisnaturschutzbeauftragter und Kreisvorsitzender des „Bundes Naturschutz" musste er sich bei der Veröffentlichung von Publikationen beschränken. Am 12. Juni 1974 starb er im Alter von 87 Jahren in Eichstätt.

Archaeopteryx-Denkmal bei Solnhofen,
Foto: Evergreen68 / CC-BY-SA3.0 (via Wikimedia Commons),
lizensiert unter Creative-Commons-Lizenz by-sa-3.0-de,
http://creativecommons.org/licenses/by-sa/3.0/legalcode

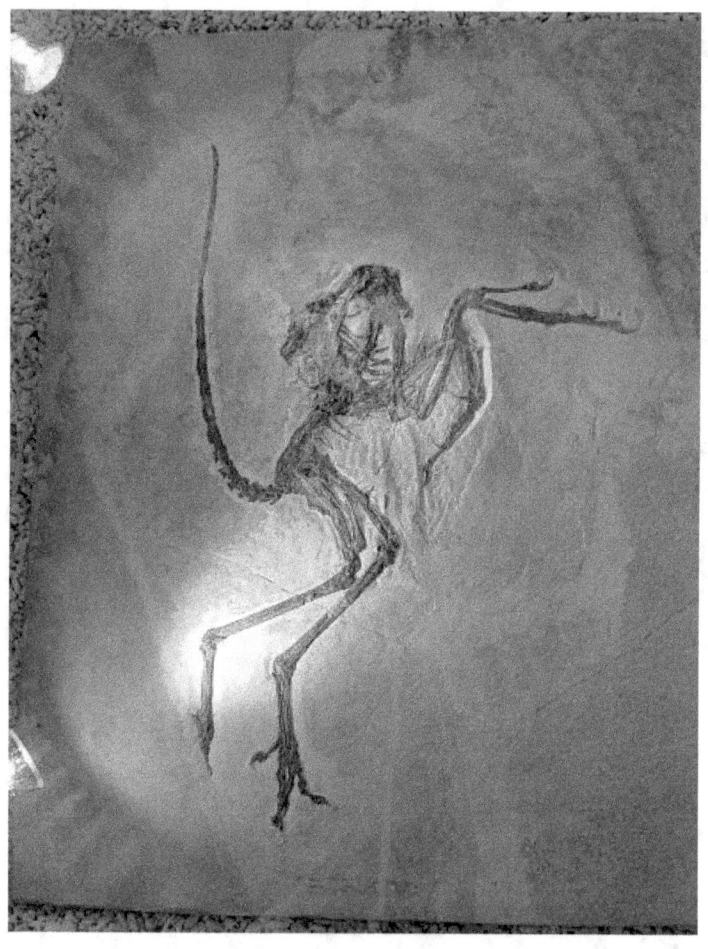

6. Exemplar eines Urvogels („Solnhofener Exemplar")
von einem unbekannten Fundort.
Original im „Bürgermeister-Müller-Museum", Solnhofen.
Foto: H. Raab (User Vesta) / CC-BY-SA3.0
(via Wikimedia Commons),
lizensiert unter Creative-Commons-Lizenz by-sa-3.0-de
http://creativecommons.org/licenses/by-sa/3.0/legalcode

6. Exemplar: „Solnhofener Exemplar"

Im Herbst 1987 identifizierte der Eichstätter Geologe Günter Viohl in der Privatsammlung des Solnhofener Altbürgermeisters Friedrich (Fritz) Müller (1912–1995) einen Fossilfund als Urvogel *Archaeopteryx*. Von dem ursprünglich vollständig überlieferten Skelett sind bei der Bergung im Steinbruch Teile von Schädel, Wirbelsäule, Hinter- und Vorderextremitäten verloren gegangen. Vom Schädel blieb nur die vordere Schnabelpartie mit Zähnen erhalten.

1988 beschrieb der Münchener Paläontologe Peter Wellnhofer dieses Fossil als *Archaeopteryx lithographica*. Jener bis dahin größte Urvogel wurde 2001 von dem polnischen Paläontologen Andrzej Elzanowski wegen der deutlich geringeren Schwanzlänge sowie wegen einiger Unterschiede im Bau des Beckens und der Füße einer neuen Gattung und Art namens *Wellnhoferia grandis* zugeordnet, was aber umstritten ist. Elzanowski rechnete die damals bekannten Funde vier Arten zu: *Archaeopteryx lithographica, Archaeopteryx siemensii, Archaeopteryx bavarica* und *Wellnhoferia grandis*.

Um das 6. Urvogel-Exemplar, das ungefähr die Größe einer Ente hat, gab es jahrelang juristische Auseinandersetzungen. Der Eichstätter Steinbruchbesitzer Franz Xaver Schöpfel glaubte, dieser Urvogel-Fund sei im November 1985 von einem seiner türkischen Arbeiter entwendet und von dessen Vater an den Solnhofener Fossiliensammler Friedrich Müller verkauft worden. Und dies, obwohl alle Steinbrucharbeiter angewiesen worden waren, gefundene Versteinerungen abzuliefern. Schöpfel forderte die Herausgabe des wertvollen

Solnhofener Altbürgermeister und Fossiliensammler Friedrich (Fritz) Müller (1912–1995).
Nach ihm ist das „Bürgermeister-Müller-Museum"
in Solnhofen benannt.
Foto: Gemeinde Solnhofen

Fossils und das Landgericht Ansbach urteilte am 2. März 1998, er sei der rechtmäßige Eigentümer. Gegen dieses Urteil erhob die Gemeinde Solnhofen, die den Fund 1997 zusammen mit anderen Fossilien für 224.900 Mark erworben hatte, Einspruch beim „Oberlandesgericht Nürnberg" und bekam am 12. September 2001 Recht. Nun legte Schöpfel beim Bundesgerichtshof in Karlsruhe Berufung ein, doch dieser lehnte 2003 seine Revision gegen das Urteil des „Oberlandesgerichts Nürnberg" von 2001 ab.

Im Nachrichtenmagazin „Der Spiegel" konnte man am 27. Oktober 1997 lesen, dieser Urvogel-Fund habe einen Sammlerwert von 15 Millionen Mark, was sehr übertrieben klang. Denn das Oberlandesgericht hatte den Streitwert nur auf eine Million Mark und der Bundesgerichtshof lediglich auf 511.000 Euro festgesetzt. Für weit weniger als 15 Millionen Mark wurden zwei andere Urvögel verkauft. Das 7. Urvogel-Exemplar („Münchener Exemplar") wechselte für rund zwei Millionen Mark den Besitzer und das 10. Urvogel-Exemplar („Thermopolis-Exemplar") angeblich für ein bis zwei Millionen Euro.

Der Steinbruchbesitzer Schöpfel legte 2003 keine Verfassungsbeschwerde gegen den Bescheid des Bundesverfassungsgerichts ein und das 6. Urvogel-Exemplar mit der Inventarnummer „BMMS 500" blieb im „Bürgermeister-Müller-Museum" in Solnhofen. Deswegen wird es als „Solnhofener Exemplar" bezeichnet.

Günter Viohl

Der Geologe Günter Viohl, der 1987 das „Solnhofener Exemplar" als *Archaeopteryx* erkannte, wurde 1938 in Berlin geboren. Nach dem Abitur an einem Berliner Gymasium studierte er in Freiburg/Breisgau und Erlangen und erwarb 1963 sein Diplom in Geologie. Ab November 1968 war er Assistent am „Lehrstuhl für Grenzfragen zwischen Theologie und Naturwissenschaften" der damaligen „Philosophisch-Theologischen Hochschule" in Eichstätt. Viohl lernte Professor Franz Xaver Mayr (1887–1974) kennen, der die naturwissenschaftlichen Sammlungen des Eichstätter Priesterseminars betreute. Mayr arbeitete Viohl allmählich in die Betreuuung der Sammlungen ein. Wie erwähnt, hatte Mayr 1951 von dem Steinbruchbesitzer Franz Xaver Frey ein Fossil erworben, das er erst nach dem Kauf als *Archaeopteryx* erkannte.
Mit Mayr initiierte Viohl die Gründung des „Jura-Museums" auf der Willibaldsburg, das 1976 eröffnet wurde. Mayr erlebte dies nicht mehr, da er 1974 starb. Von 1974 bis zu seiner Pensionierung 2003 leitete Viohl das „Jura-Museum". Als einer der Herausgeber des zweibändigen Werkes „Solnhofen – Ein Fenster in die Jurazeit" (2015), an dem weitweit mehr als 40 Autoren mitwirkten, schloss Viohl mit der Wissenschaft ab. „Das Interesse an Grenzfragen zwischen Theologie und Naturwissenschaft wird den gläubigen Katholiken und Mahner für die Schöpfung aber weiterhin beschäftigen", hieß es 2018 im „Eichstätter Kurier" im Artikel zum 80. Geburtstag des Geologen. Viohl war zeitweise Kreisvorsitzender des „Bundes Naturschutz in Bayern", nahm an Demonstrationen teil, sammelte Unterschriften und betätigte sich als Mitbe-

gründer der Städtepartnerschaft zwischen Eichstätt und Bolca bei Verona in Italien. Bolca ernannte ihn 2004 zum Ehrenbürger. Der Stadtrat von Eichstätt verlieh ihm die Bürgermedaille. Beim „Verein der Freunde des Jura-Museums" ist er Ehrenmitglied.

Der Geologe Günter Viohl, von 1974 bis 2003 Leiter des „Jura-Museums" auf der Willibaldsburg in Eichstätt, erkannte im Herbst 1987 das 6. Exemplar („Solnhofener Exemplar") als Archaeopteryx. Foto: Donaukurier

7. Exemplar eines Urvogels („Münchener Exemplar")
aus einem Steinbruch bei Langenaltheim in Mittelfranken.
Original im „Paläontologischen Museum" in München,
dem öffentlich zugänglichen Teil
der „Bayerischen Staatssammlung für Paläontologie und Geologie".
Foto: Luidger / CC-BY-SA3.0 (via Wikimedia Commons),
lizensiert unter Creative-Commons-Lizenz by-sa-3.0-de,
http://creativecommons.org/licenses/by-sa/3.0/legalcode

7. Exemplar: „Münchener Exemplar"

Am 3. August 1992 gelang dem Pächter Jürgen Hüttinger in einem Steinbruch der „Solenhofer Aktien-Verein AG" auf der Langenaltheimer Haardt bei Langenaltheim (Mittelfranken) die Entdeckung eines Urvogels mit Kopf, Skelettresten und Federabdrücken. Er war etwas größer als das 1951 entdeckte kleine „Eichstätter Exemplar" und kleiner als das 1875 oder bereits 1874 gefundene „Berliner Exemplar". Bei diesem Fund waren die Innenseite des Unterkiefers und die Wand des Hirnschädels so deutlich wie bei keiner anderen *Archaeopteryx* erkennbar. Unweit des Fundortes waren 1861 auch das „Londoner Exemplar" und 1956 das „Maxberg-Exemplar" zum Vorschein gekommen.

Das Fossil wurde 1993 durch den Münchener Paläontologen Peter Wellnhofer als neue Art namens *Archaeopteryx bavarica* beschrieben. Er glaubte, erstmals an einem Urvogel aus den Solnhofener Plattenkalken ein verknöchertes Brustbein erkannt zu haben. Ein solches ist bei heutigen Vögeln für das Flugvermögen sehr wichtig, weil dort kräftige Flugmuskeln ansetzen. 2004 nahm der Urvogel-Experte Helmut Tischlinger aus Stammham sorgfältige Untersuchungen dieses Urvogels im ultraviolettem Licht sowie eine Feinpräparation der Fossilplatte im Bereich des Schultergürtels vor. Überraschenderweise stellte er fest, dass das vermeintliche Brustbein ein Element des Schultergürtels, nämlich ein Teil des linken Rabenbeins, ist. Auch bei anderen *Archaeopteryx*-Funden hat man kein verknöchertes Brustbein entdeckt. Nur beim „Berliner Exemplar" erkannte Tischlinger bei UV-Untersu-

„Paläontologisches Museum" in München,
der öffentlich zugängliche Teil
der „Bayerischen Staatssammlung für Paläontologie und Geologie".
Foto: Szilas (via Wikimedia Commons),
Lizenz: gemeinfrei (Public domain)

chungen Weichteilspuren und mit Kalkspat gefüllte Hohlraumausfüllungen im Bereich des Schultergürtels, die man als Reste eines knorplig erhaltenen Brustbeins deuten könnte. Beim zerfallenen Schädel des 1992 entdeckten Urvogels fehlt der Oberkiefer. Der Unterkiefer enthält alle 22 Zähne. Die Art der Zahnbefestigung durch zusätzliche kleine Knochenplättchen kennt man auch bei Raubdinosauriern und gilt als primitives Merkmal. Dank vieler Spender und Geldgeber und weil der Besitzer auf merklich höhere Gebote nicht einging, konnte dieser Urvogel 1999 von der „Bayerischen Staatssammlung für Paläontologie und Geologie" in München für rund zwei Millionen Mark erworben werden. Im „Paläontologischen Museum" in München, dem öffentlich zugänglichen Teil der „Bayerischen Staatssammlung für Paläontologie und Geologie", ist ein Abguss ausgestellt. Der 1992 entdeckte Originalfund heißt heute „Münchener Exemplar" und hat die Inventarnummer „BSP 1999 I 50". Früher bezeichnete man dieses Fossil als „Exemplar des Solnhofener Aktienvereins". Auf der Internetseite „Tierdoku.com" heißt es, die Gültigkeit der Art *Archaeopteryx bavarica* sei aufgrund neuerer Befunde fraglich.

*Peter Wellnhofer, der Erstbeschreiber von Archaeopteryx bavarica.
Foto: Fotostudio Weber, Fürstenfeldbruck*

*Flugsaurierrekonstruktion im „Paläontologischen Museum", München.
Foto: Artic Cynda (via Wikimedia Commons),
Lizenz: gemeinfrei (Public domain)*

Peter Wellnhofer

Peter Wellnhofer, der Erstbeschreiber von *Archaeopteryx bavarica,* wurde 1936 in München geboren. Sein Interesse für die Paläontologie wurde eher zufällig geweckt. Er hatte bereits ein Maschinenbaustudium begonnen, als ihm ein Freund die Geologie empfahl. Fortan wuchs seine Leidenschaft für die versteinerten Überreste von Urzeittieren. In reiferen Jahren erklärte er einmal, die Paläontologie sei – grob gesagt – eine Mischung aus Biologie und Geologie.
1963 wurde Wellnhofer Mitarbeiter an der „Bayerischen Staatssammlung für Paläontologie und Geologie" in München. Dort war er für die Sammlung fossiler Wirbeltiere verantwortlich. 1964 promovierte er an der „Ludwig-Maximilians-Universität" in München zum Dr. rer. nat. Bei der „Bayerischen Staatssammlung für Paläontologie und Geologie" war er ab 1964 Konservator, dann Hauptkonservator und ab 1976 stellvertretender Direktor. Er interessierte sich vor allem für die Flugsaurier der Jurazeit und Kreidezeit, für den Urvogel *Archaeopteryx* und für Dinosaurier. Die Gegend von Solnhofen in Franken, ein Fundgebiet zahlreicher Fossilien aus der Oberjurazeit vor etwa 150 Millionen Jahren, wurde für ihn sein zweites Zuhause.
Bald galt Wellnhofer als einer der weitweit führenden Experten für Flugsaurier (Pterosauria) und den Urvogel *Archaeopteryx*. Er beschrieb das 5. Exemplar („Eichstätter Exemplar"), 6. Exemplar („Solnhofener Exemplar"), 7. Exemplar („Münchener Exemplar") und 8. Exemplar („Exemplar der Familien Ottmann & Steil") des Urvogels *Archaeopteryx*. Neben zahlreichen Fachpublikationen veröffentlichte er auch etliche populärwissenschaftliche Werke über Flugsaurier und *Ar-*

*Lebensbilder von Flugsauriern (oben und unten),
geschaffen von dem Berliner Tiermaler
Heinrich Harder (1858–1935)*

chaeopteryx. 1997 erhielt er den „Werner und Inge Grüter-Preis für Wissenschaftsvermittlung".

Nach seiner Pensionierung im Jahre 1999 zog es Wellnhofer zu Fossilfundstellen in Frankreich und Italien. Neben der Wissenschaft ist die Musik die zweite große Leidenschaft für Wellnhofer. Bereits als Kind hatte er Klavierunterricht, spielte Akkordeon und mit dem von einem Onkel gebauten Cembalo. Später stieg er auf die „höchste Stufe der Tasteninstrumente" um und besaß eine eigene Orgel. Mit seiner Frau Marianne genießt er den eigenen Garten und Orgelkonzerte. 2018 verlieh man ihm für seine Forschungen zum Urvogel *Archaeopteryx* das „Bundesverdienstkreuz am Bande". Damals erklärte der 82-Jährige, es sei ein geflügeltes Wort, dass die Frau eines Wissenschaftlers eine Witwe sei, deren Mann noch lebe.

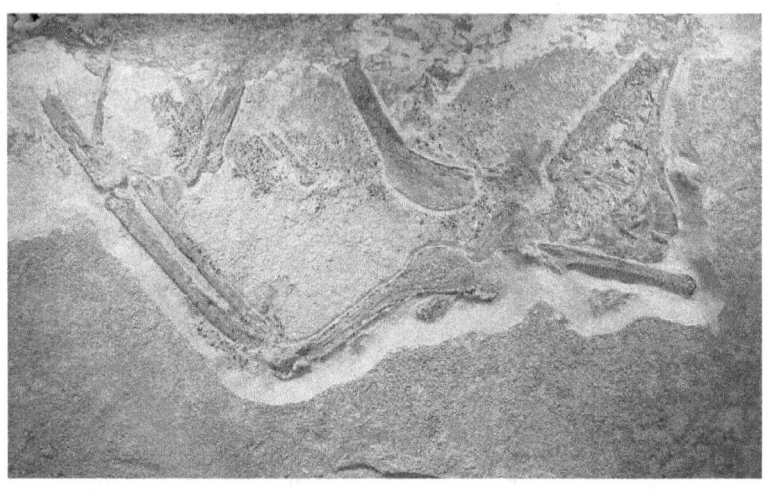

8. Exemplar eines Urvogels („Daitinger Exemplar")
aus Daiting im schwäbischen Kreis Donau-Ries".
Aufgenommen bei den „Mineralientagen München 2009".
Original in Privatbesitz.
Foto: H. Raab (User Vesta) / CC-BY-SA3.0
(via Wikimedia Commons),
lizensiert unter Creative-Commons-Lizenz by-sa-3.0-de
http://creativecommons.org/licenses/by-sa/3.0/legalcode

8. Exemplar: „Daitinger Exemplar"

In Daiting im schwäbischen Kreis Donau-Ries glückte 1990 der Fund eines fragmentarisch erhaltenen Urvogels, den man im unpräpariertem Zustand zunächst irrtümlich als Rest eines Flugsauriers deutete. Dieses Fossil wurde vom Steinbruchbesitzer an einen bisher unbekannten Sammler verkauft.
Einige Jahre später kamen nach der Präparation des Fundes erstmals Zweifel an der ursprünglichen Deutung als Flugsaurier auf. Im Dezember 1996 begutachtete der Bamberger Paläontologe Matthias Mäuser einen Abguss des Fossils. Dabei erkannte er an den Zähnen, den langen Oberarmknochen und den Mittelhandknochenn dessen wahre Natur als *Archaeopteryx*. Dieser Urvogel stammt aus den Mörnsheimer Schichten aus dem Malm Zeta 3, die über den Solnhofener Schichten aus dem Malm Zeta 2 lagern, aus denen alle bis dahin geborgenen Funde von *Archaeopteryx* zum Vorschein kamen. Demnach handelt es sich bei dem Fossil aus Daiting um den geologisch jüngsten Urvogel *Archaeopteryx*.
Matthias Mäuser schrieb 1997 in der Zeitschrift „Fossilien", man wisse nicht, ob der Neufund 50.000, 100.000 oder noch mehr Jahre jünger als die übrigen Urvögel sei. Bei der am 14. Februar 1996 im „Naturkunde-Museum Bamberg" eröffneten Sonderausstellung „Archaeopteryx – der Urvogel aus der Frankenalb" stellte der Abguss des achten Urvogelskeletts eine besondere Attraktion dar.
Im August 2009 verkaufte der anonyme Besitzer aufgrund privater Lebensumstände die *Archaeopteryx* aus Daiting an den Fossilienhändler Raimund Albersdörfer aus Schnaittach in

*Eingang des „Naturkunde-Museums Bamberg",
einem der ältesten Naturkunde-Museen in Deutschland.
Foto: FerdiBf (via Wikimedia Commons),
Lizenz: gemeinfrei (Public domain)*

Mittelfranken. Albersdörfer präsentierte den Originalfund bei den „Mineralientagen München 2009" erstmals der Öffentlichkeit. Die wissenschaftliche Erstbeschreibung anhand des Originalfossils erfolgte 2009 durch den Paläontologen Helmut Tischlinger aus Stammham in der Zeitschrift „Archaeopteryx". An diesem Urvogel sind der Schädel mit den bezahnten Kiefern, das Gabelbein, die Schulterblätter, die teilweise zerstörten Oberarmknochen, Elle, Speiche, Mittelhandknochen, Fragmente der Finger und ein Krallenbruchstück von einer Körperseite erkennbar. In der Tageszeitung „Die Welt" war am 26. Oktober 2009 zu lesen, der Fossilienhändler Albersdörfer wolle seine *Archaeopteryx* nicht verkaufen.
Im August 2018 beschrieben Martin Kundrát, Jon Nudds, Benjamin P. Kear, Junchang Lü und Per Ahlberg in „Historical Biology" das „Daitinger Exemplar" als neue Art namens *Archaeopteryx albersdoerferi*. Jene soll nach Ansicht dieser Forscher rund 400.000 Jahre jünger sein als die bis dahin bekannten *Archaeopteryx*-Fossilien. Sie besaß weniger Zähne, stärker verschmolzene Schädelknochen sowie vermutlich kräftigere Flugmuskeln und leichtere Knochen als andere Urvögel.
In Daiting hat man schon von etwa 1800 bis um 1858 Fossilien entdeckt, die von dem Arzt Carl Friedrich Häberlein (1787–1871) aus Pappenheim und Georg Graf zu Münster (1776–1844) aus Bayreuth gesammelt wurden. Damals stieß man beim Abbau von „Bohnerz" auf Plattenkalke mit Tierresten aus dem Oberjura. Um 1858 wurde der Abbau von „Bohnerz" eingestellt. Erst ab 1958 baute man in einem Steinbruch, den man wegen Straßenbaumaßnahmen angelegt hat, wieder Kalkplatten ab. Danach waren dort Fossiliensammler aktiv. 1988 schüttete man den letzten zugänglichen Steinbruch am Meulenhardt zu. Im ersten Jahrzehnt des 21. Jahrhunderts scheiterte der Versuch, einen wieder aufgemachten Steinbruch als Besuchersteinbruch der Öffentlichkeit zugänglich zu machen.

Matthias Mäuser, der Leiter des „Naturkunde-Museums Bamberg", identifizierte 1996 ein 1990 in Daiting (Schwaben) gefundenes Fossil als Urvogel Archaeopteryx.
Foto: Dr. Matthias Mäuser, Privatarchiv

Matthias Mäuser

Matthias Mäuser, der 1996 als Erster ein 1990 in Daiting entdecktes Fossil als Urvogel *Archaeopteryx* identifizierte, wurde 1957 in Bad Kissingen geboren. Während seines Studiums an der „Universität Würzburg" war er Schüler des Geologen Professor Erwin Rutte (1923–2007). Für seine Diplomarbeit unter Leitung von Rutte führte er umfangreiche Untersuchungen in einem Steinbruch von Jachenhausen bei Riedenburg durch. 1986 hat Mäuser an der „Universität Würzburg" promoviert. 1983 stellte er die These auf, die kugelförmigen Gebilde unterhalb des bei Jachenhausen geborgenen Raubdinosauriers *Compsognathus longipes* seien Eier und keine Exemplare der freischwimmenden Seelilie *Saccocoma pectinata*.
1988 wurde Mäuser Leiter des „Naturkunde-Museums Bamberg". Der Bamberger Fürstbischof Franz Ludwig von Erthal (1730–1795) richtete 1791 im damaligen Jesuitenkolleg das Naturkunde-Museum als Naturalienkabinett ein. Aus dieser Zeit stammt der um 1810 fertiggestellte „Vogelsaal" im klassizistischen Stil, der als „Museum im Museum" seinesgleichen sucht. In der unteren Etage sind europäische und exotische Vögel ausgestellt, in der Galerie wirbellose Tiere, Fische, Amphibien, Reptilien, exotische Singvögel, Säugetiere und Botanik. 1992 wurde ein hochmoderner Ausstellungsbereich eröffnet. Das mitten Bamberg untergebrachte Naturkunde-Museum besitzt heute etwa 200.000 Objekte aus den Bereichen Geologie, Mineralogie, Paläontologie, Zoologie und Botanik.
Seit 2004 unternimmt das „Naturkunde-Museum Bamberg" unter der Leitung von Direktor Mäuser Grabungen im Steinbruch bei Wattendorf (Kreis Bamberg) in Oberfranken. Die dort vorkommenden Plattenkalke und die darin enthaltenen

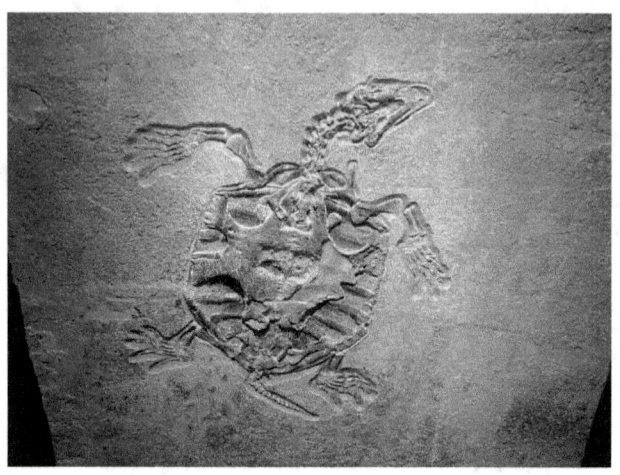

Schildkröte (oben) und Flugsaurier (unten) aus der Oberjurazeit vor etwa 155 Millionen Jahren aus einem Steinbruch bei Wattendorf (Kreis Bamberg) in Oberfranken im „Naturkunde-Museum Bamberg". Foto: Chillibilli / CC-BY-SA4.0 (via Wikimedia Commons), lizensiert unter Creative-Commons-Lizenz by-sa-4.0, https://creativecommons.org/licenses/by-sa/4.0/legalcode

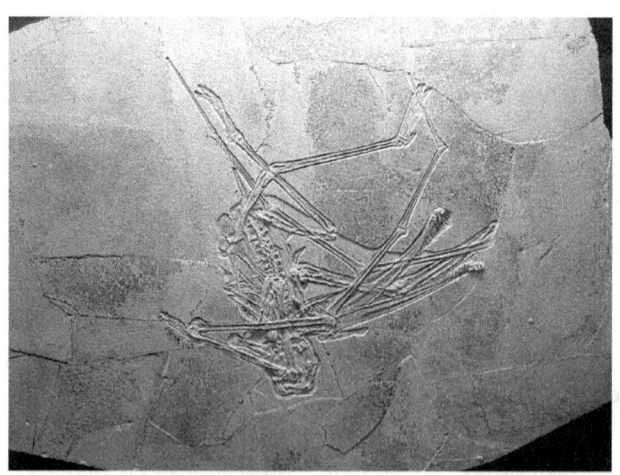

Fossilien von Pflanzen, Krebsen, Seeigeln, Fischen, Brückenechsen, bis zu 1,40 Meter langen Schildkröten, Krokodilen und Flugsauriern aus der Oberjurazeit vor ungefähr 155 Millionen Jahren sind älter als die berühmten Solnhofener Plattenkalke.

Brückenechse aus der Oberjurazeit vor etwa 155 Millionen Jahren aus einem Steinbruch bei Wattendorf (Kreis Bamberg) in Oberfranken im „Naturkunde-Museum Bamberg".
Foto: Chillibilli / CC-BY-SA4.0 (via Wikimedia Commons), lizensiert unter Creative-Commons-Lizenz by-sa-4.0, https://creativecommons.org/licenses/by-sa/4.0/legalcode

*9. Exemplar eines Urvogels
("Exemplar der Familien Ottmann & Steil")
aus einem Steinbruch im "Alten Steinberg"
zwischen der Gemarkung Langenaltheimer Haardt bei Langenaltheim
und Solnhofen (Mittelfranken).
Dauerleihgabe im "Bürgermeister-Müller-Museum", Solnhofen.
Foto: H. Raab (User Vesta) / CC-BY-SA3.0
(via Wikimedia Commons),
lizensiert unter Creative-Commons-Lizenz by-sa-3.0-de
http://creativecommons.org/licenses/by-sa/3.0/legalcode*

9. Exemplar: „Exemplar der Familien Ottmann & Steil"

Im Frühjahr 2004 entdeckte der Steinbrecher Karl Schwegler in einem Steinbruch im „Alten Steinberg" zwischen der Gemarkung Langenaltheimer Haardt bei Langenaltheim und Solnhofen (Mittelfranken) auf den beiden Hälften einer gespaltenen Platte einige Knochen. Diese stammten, wie sich erst später herausstellte, vom isolierten rechten Flügels eines Urvogels. In der Literatur heißt der Fundort jenes 9. Urvogel-Exemplars auch „am Solaberg von Solnhofen im Naturpark Altmühltal" und Steinbruch „Alter Steinberg". Dort hat man bereits 1423 im „Alten Solnhofener Bruch" Solnhofener Platten abgebaut.

Gestalt und Größe des 2004 geborgenen Flügels passen gut zu den anderen Funden des Urvogels *Archaeopteryx*. Auf der Hauptplatte (Positivplatte) und Gegenplatte (Negativplatte) sind Ober- und Unterarm, bekrallte Finger sowie undeutliche Federabdrücke zu sehen. Dieser Urvogelrest wurde 2005 von den Paläontologen Peter Wellnhofer („Bayerische Staatssammlung für Paläontologie und Geologie" in München) und Martin Röper („Bürgermeister-Müller-Museum" in Solnhofen) wissenschaftlich beschrieben.

Angesichts der Unvollständigkeit des 9. Urvogel-Exemplars fragte Röper, wie viele ähnliche Reste von Urvögeln möglicherweise gar nicht als solche erkannt wurden. Die neue Erkenntnis, dass auch isoliert liegende Reste von Urvögeln in den etwa 150 Millionen Jahre alten Solnhofener Platten eingeschlossen sind, sollte jeden Steinbrecher und alle Fossiliensammler dazu anhalten, Wirbeltierfossilien auch dann

Verschiedene Ansichten eines Flügels des 2. Exemplars eines Urvogels („Berliner Exemplar").
Zeichnung des dänischen Künstlers, Amateur-Ornithologen und Paläontologen Gerhard Heilmann (1859–1946), veröffentlicht in seinem Buch
„Vor Nuvaerende Viden om Fuglenes Afstamming" (1916)

Aufmerksamkeit zu schenken, wenn diese auf den ersten Blick unscheinbar wirkten.

Das Fossil aus dem Privatbesitz der Solnhofener Familien Ottmann und Steil befindet sich heute als Dauerleihgabe im „Bürgermeister-Müller-Museum" in Solnhofen („Exemplar der Familien Ottmann & Steil"). Der Fund wird scherzhaft als „Chicken Wing" („Hühnerflügel") bezeichnet, weil es sich um eine isolierte Schwinge handelt.

Lebensbild des Urvogels Archaeopteryx siemensii.
Zeichnung des schweizerischen Zoologen und Mikropaläontologen Manfred Reichel (1896–1984) aus:
„L'Archéoptéryx. Un ancêtre des Oiseaux" (1941)

*Der Paläontologe Martin Röper,
Leiter des „Bürgermeister-Müller-Museums" in Solnhofen,
ist einer der Erstbeschreiber
des 9. Exemplares eines Urvogels
(„Exemplar der Familien Ottmann & Steil").
Foto: Gemeinde Solnhofen*

Martin Röper

Martin Röper, geboren am 27. November 1958 in Düsseldorf, einer der beiden Erstbeschreiber des 9. Urvogel-Exemplars, ist seit 2002 Leiter des „Bürgermeister-Müller-Museums" in Solnhofen. Er studierte und promovierte an der „Rheinischen Friedrich-Wilhelms-Universität Bonn" mit Themen über die Solnhofener Fossil-Lagerstätten und schrieb mehrere Bücher über die Plattenkalke.
Das sehenswerte „Bürgermeister-Müller-Museum" in Solnhofen ist nach dem Fossiliensammler Friedrich Müller (1912–1995), der von 1956 bis 1978 Bürgermeister von Solnhofen war, benannt. Müller stellte bereits 1954 seine private Sammlung mit Fossilien aus dem Solnhofener Plattenkalk aus. 1968 gründete die Gemeinde Solnhofen das „Bürgermeister-Müller-Museum" mit Müllers Sammlung als Grundstock. 1970 eröffnete das Museum erstmals seine Pforten.
Für die neue Dauerausstellung ab 2014 hat Martin Röper das Konzept „Paläozoo" erarbeitet. Tiere, die sich zu Lebzeiten begegnet sind, finden sich heute thematisch in den verschiedenen Lebensräumen des jurazeitlichen Solnhofen-Archipels gruppiert. Den Begriff Solnhofen-Archipel hat Röper in die Forschung eingebracht.
Das „Bürgermeister-Müller-Museum" präsentiert fossile Pflanzen und Tiere der Oberjurazeit aus Steinbrüchen von Langenaltheim, Eichstätt, Solnhofen, Brunn, Hienheim und Painten. Zu sehen sind Land- und Meerespflanzen, Medusen, Quallen, Krebse, Stachelhäuter, Kopffüßer (Ammoniten, Belemniten), Fische, Reptilien (sieben Landsaurier bzw. Echsen, eine Eidechse, sechs Schildkröten, zwei Ichthyosaurier, drei Pleurosaurier, ein Landkrokodil, ein Meereskrokodil, fünf Lang-

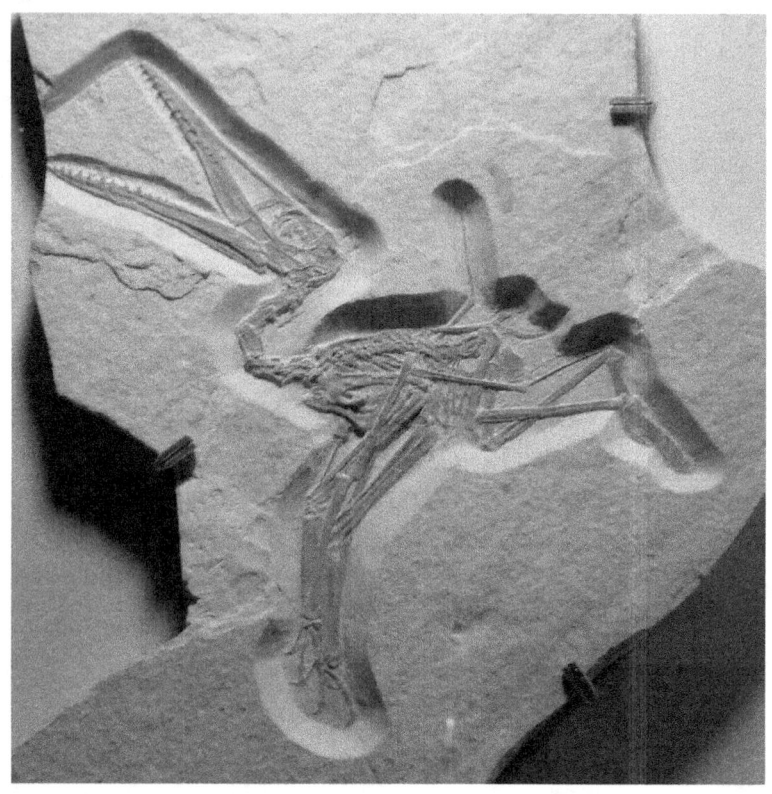

Kurzschwanz-Flugsaurier Pterodactylus kochi aus der Oberjurazeit im „Bürgermeister-Müller-Museum" in Solnhofen.
Foto: Ghedoghedo / CC-BY-SA3.0 (via Wikimedia Commons), lizensiert unter Creative-Commons-Lizenz by-sa-3.0-de, https://creativecommons.org/licenses/by-sa/3.0/legalcode.de

schwanz-Flugsaurier, vier Kurzschwanz-Flugsaurier, drei Raubdinosaurier, nämlich zwei Urvögel und ein Dinosaurier). Weltruf erlangte das Museum durch den Besitz der Originalfunde des „6. Exemplars" („Solnhofener Exemplar") und des „9. Exemplars" („Exemplar der Familien Ottmann & Steil") des Urvogels *Archaeopteryx* sowie des Raubdinosauriers *Sciurumimus albersdoerferi* aus Painten.

Zusammen mit der Privatpaläontologin und ehrenamtlichen Mitarbeiterin des „Bürgermeister-Müller-Museums", Monika Rothgänger aus Kallmünz, leitete Röper von 1993 bis 2015 die Grabungen des Projekts „Plattenkalk- und Fossillagerstätte Brunn". Die etwa 151,5 Millionen Jahre alten Funde aus der ostbayerischen Fossillagerstätte Brunn (Kreis Regensburg) werden im „Bürgermeister-Müller-Museum" in Solnhofen präpariert, bearbeitet und größtenteils ausgestellt. Wegen ihres Alters gelten sie als evolutive Vorstufe der Tierwelt der Solnhofener Plattenkalke. Brunn gilt als älteste Fossilienfundstelle im Bereich des Solnhofen-Archipels.

Samenfarn Cycadopteris jurensis aus der Oberjurazeit im „Bürgermeister-Müller-Museum" in Solnhofen (Mittelfranken). Foto: Ghedoghedo/ CC-BY-SA3.0 (via Wikimedia Commons), lizensiert unter Creative-Commons-Lizenz by-sa-3.0-de, https://creativecommons.org/licenses/by-sa/3.0/legalcode.de

*10. Exemplar eines Urvogels („Thermopolis-Exemplar")
vermutlich aus einem Steinbruch im Eichstätter Gebiet (Oberbayern).
Original im „Wyoming Dinosaur Center" in Thermopolis
im US-Bundesstaat Wyoming.
Aufnahme vom Originalfund vom 18. Mai 2007
im „Staatlichen Museum für Naturkunde" in Karlsruhe)
Foto: Stephan Schulz / CC-BY-SA3.0 (via Wikimedia Commons),
lizensiert unter Creative-Commons-Lizenz by-sa-3.0-de
http://creativecommons.org/licenses/by-sa/3.0/legalcode*

10. Exemplar: „Thermopolis-Exemplar"

Burkhard Pohl, der Besitzer des „Wyoming Dinosaur Center" in Thermopolis (USA), erwarb 2005 mit Hilfe eines unbekannten Spenders einen Urvogel-Fund („Thermopolis-Exemplar"), der ebenso gut erhalten ist wie das berühmte „Berliner Exemplar", das 1875 oder 1874 auf dem Blumenberg bei Eichstätt geborgen wurde. Die Vorbesitzerin aus der Schweiz gab schriftlich an, das Fossil stamme aus der Sammlung ihres Ende der 1970er Jahre verstorbenes Mannes. Heute heißt es, die Entdeckung sei bereits vor 1970 geglückt. Nach Ansicht von Kennern lässt die Gesteinsbeschaffenheit des Fossils darauf schließen, ein Steinbruch im Eichstätter Gebiet (Oberbayern) sei der Fundort gewesen.

Ende 2001 wurde dieser elstergroße Urvogel dem Frankfurter „Senckenberg-Museum" zum Kauf angeboten. Dabei ließ man dem Museum einige Jahre Zeit, um die für den Ankauf benötigte Summe aufzubringen. Angeblich handelte es sich um einen Betrag zwischen 1 und 2 Millionen Euro. Weil das „Senckenberg-Museum" so viel Geld nicht auftreiben konnte, wandte sich die Witwe an den Gründer des „Wyoming Dinosaur Center", Burkhard Pohl. Dieser fand einen anonymen Spender, der dazu bereit war, die Mittel zum Erwerb des Fundes aufzubringen, und kaufte 2005 jene *Archaeoptryx*.

Der zehnte Urvogel aus Bayern wurde 2005 in der Dezemberausgabe der amerikanischen Fachzeitschrift „Science" von Gerald Mayr, Burkhard Pohl und D. Stefan Peters wissenschaftlich beschrieben. Eine weitere Beschreibung erfolgte 2007 im „Zoological Journal of the Linnean Society" durch Mayr,

Pohl, Scott Hartman und Peters. Bei dem Fossil ist erstmals der Kopf von oben und am Mittelfußknochen ein nach oben gerichteter Fortsatz zu sehen. Die Füße des „Thermopolis-Exemplars" ähnelten stark denjenigen von Theropoden, einer Gruppe von zweibeinig laufenden Raubdinosauriern mit relativ kurzen Armen. Dieser Urvogel besaß keine Klammerfüße, die bis dahin als Vogelmerkmale gegolten hatten. Anders als bei heutigen Vögeln war die erste Zehe nicht vollständig nach rückwärts orientiert und deswegen nicht opponierbar.

Das Fehlen der Klammerfüße wird als endgültiger Beweis für eine Lebensweise von *Archaeopteryx* am Boden betrachtet. Nach Ansicht von Peter Wellnhofer belegt dies, dass *Archaeopteryx* nur gelegentlich auf Bäume geklettert ist. Angesichts der zahlreichen zu den Theropoden gehörenden gefiederten Dinosaurier aus China, könne man davon ausgehen, dass *Archaeopteryx* zu diesen zu zählen sei.

Die Experten Mayr, Pohl, Hartman und Peters rechneten das „Berliner Exemplar", „Münchener Exemplar" und „Thermopolis-Exemplar" zur Art *Archaeopteryx siemensii*. Das „Londoner Exemplar" und „Solnhofener Exemplar" dagegen ordneten sie zur Art *Archaeopteryx lithographica*. Ein Abguss des „Thermopolis-Exemplars" wird im „Senckenberg-Museum" in Frankfurt am Main aufbewahrt. Nach Auskunft von Burkhard Pohl soll der im „Wyoming Dinosaur Center" ausgestellte zehnte Urvogel mit der Inventarnummer „WDC CSG 100" dort verbleiben. Ungeachtet dessen wurde dem Frankfurter „Senckenberg-Museum", in dem der Fund sorgfältig untersucht worden war, schriftlich zugesichert, dass der Urvogel in einer öffentlich zugänglichen Sammlung verbleiben muss, sollte er einmal nicht mehr im „Wyoming Dinosaur Center" aufbewahrt werden können. Bevor das „Thermopolis-Exemplar" 2005 in die Dauerausstellung des „Wyoming Dinosaur Center" kam, konnte man es in verschiedenen deutschen Museen bewundern. Ende Oktober 2009 war der zehnte Urvogel bei den „Mineralientagen München 2009" und anschließend zwei Wochen lang im Solnhofener „Bürgermeister-Müller-Museum" ausgestellt. 2010 sah man ihn vier Monate lang in der Aussstellung „Archaeopteryx – the Icon of Evolution" im „Houston Museum of Natural History" in Texas (USA). 2009 deuteten histologische Untersuchungen des zehnten Urvogel-Exemplars darauf hin, dass *Archaeopteryx* im Gegensatz zu heutigen Vögeln wie Reptilien ausgesprochen langsam heranwuchs. Erst in seinem zweiten oder dritten Lebensjahr näherte sich der Urvogel dem Erwachsenenalter und wurde vermutlich erst dann geschlechtsreif.

Modell des Urvogels Archaeopteryx lithographica im „Oxford University Museum".
Foto: Ballista / CC-BY-SA3.0 (via Wikimedia Commons), lizensiert unter Creative-Commons-Lizenz by-sa-3.0-de, https://creativecommons.org/licenses/by-sa/3.0/legalcode.de

Professor Dr. Dieter Stefan Peters,
einer der Beschreiber des 10. Exemplars eines Urvogels
(„Thermopolis-Exemplar").
Foto: Senckenberg Forschungsinstitut,
Frankfurt am Main

Stefan Peters

Dieter Stefan Peters (häufig in der Literatur als D. S. Peters oder D. Stefan Peters erwähnt), einer der Beschreiber des 10. Urvogel-Exemplars („Thermopolis-Exemplar") ist ein deutscher Experte für Paläornithologie und Ornithologie. Er wurde am 5. Juni 1932 in Gleiwitz (Oberschlesien) geboren und kam 1958 nach Westdeutschland. 1961 promovierte er an der „Goethe-Universität Frankfurt am Main" in Zoologie. Ab 1964 arbeitete er am „Forschungsinstitut Senckenberg" in Frankfurt am Main. Seit 1976 war er dort Kurator für Ornithologie und ab 1987 stellvertretender Direktor. 1997 ging er in den Ruhestand. Von 1989 an wirkte er als außerplanmäßiger Professor für Zoologie an der „Universität Frankfurt", an der er sich 1979 habilitiert hatte. Sein Nachfolger am „Senckenberg-Museum" wurde Gerald Mayr.
Peters befasste sich mit der frühen Evolution der Vögel (*Archaeopteryx, Confuciusornis*) und mit der Vogelfauna aus der Grube Messel bei Darmstadt aus dem Eozän vor etwa 48 Millionen Jahren, beispielsweise den dort geborgenen fossilen Eulen und Greifvögeln. Bereits vor entsprechenden Fossilfunden vermutete er 1994, *Archaeopteryx* müsse ein befiederter, laufender Saurier gewesen sein. Er ist Mitbegründer der „Frankfurter Evolutionstheorie" und erarbeitete das „Hanggleiter-Modell" zur Evolution des Vogelflugs. Aus seiner Feder stammen populärwissenschaftliche Bücher für Jugendliche über Vögel und Insekten sowie über gesellschaftliche und philosophische Aspekte der Evolutionstheorie. Für „Grzimeks Tierleben" verfasste er das Kapitel über die Schwalben und für die „Brockhaus-Enzyklopäde" die Artikel zur Ornithologie.

Burkhard Pohl, der Eigentümer und einer Beschreiber des 10. Urvogel-Exemplars („Thermopolis-Exemplar"). Foto: Dr. h. c. rer. nat. Helmut Tischlinger, Stammham

Burkhard Pohl

Hans Burkhard Pohl, der Eigentümer und einer Beschreiber des 10. Urvogel-Exemplars („Thermopolis-Exemplar"), ist Tierarzt, Bergbauunternehmer, Besitzer der „Warm-Springs-Ranch" und des Dinosauriermuseums „Wyoming Dinosaur Center" in Thermopolis im US-Bundesstaat Wyoming. Sein deutscher Großvater Karl Ströher (1890–1977), Miterbe des Kosmetik-Unternehmens „Wella" in Darmstadt, Kunstsammler und -mäzen, sammelte Pop-Art-Werke. Seine Mutter, die Chemikerin, Biologin und Unternehmerin Erika Pohl-Ströher (1919–2016), trug rund 80.000 Mineralien zusammen. Der 1956 als eines von fünf Kindern in Frankfurt am Main geborene Sohn Burkhard dagegen begeisterte sich für Fossilien. Bereits als Fünfjähriger meißelte er in den Ferien in der Schweiz Ammoniten aus dem Gestein. In Südhessen suchte er in der Grube Messel bei Darmstadt nach Fossilien aus dem Eozän.
Als Burkhard Pohl im Dorf Ferpicloz im schweizerischen Kanton Freiburg lebte, verliebte er sich 1993 während einer USA-Reise in den Ort Thermopolis mit rund 3.000 Einwohnern, der als Zentrum für Öl- und Gasförderung sowie für seine Jagd- und Fischereigründe und Thermalquellen bekannt ist. Bei dem Besuch in Thermopolis entdeckten Pohl und Freunde auf dem Gelände der „Warm Springs Ranch" fossile Dinosaurierknochen. Pohl kaufte diese Ranch, wo wie in Montana oder South Dakota viele Fossilien – darunter auch Dinosaurier – zu finden sind. Auf dem Gelände seiner Ranch gräbt er selbst oder lässt er graben.
1995 hat Pohl das „Wyoming Dinosaur Center" in Thermopolis eröffnet. In diesem Museum sind fast 50 Skelette

sowie Hunderte von Displays und Dioramen zu bewundern. 2008 eröffnete Pohl das „Sino-German Paleontologically Museum" in Yixian (Provinz Liaoning, China). Bereits seit den 1970er Jahren arbeitet er mit dem „Senckenberg-Museum" in Frankfurt am Main zusammen. 2000 beschrieb der Senckenberg-Paläornithologe Gerald Mayr einen fossilen Papagei aus der Grube Messel, den ihm Pohl zur Untersuchung überlassen hatte, als *Serudaptus pohli*. Das „Senckenberg-Museum" war ab 2001 am Kauf des 10. Urvogel-Exemplars interessiert, konnte aber den geforderten Preis in einstelliger Millionenhöhe nicht aufbringen. 2005 erwarb Pohl jene *Archaeopteryx* und stellte sie in seinem Museum aus. Im November 2018 berichtete „bilanz.ch", er steuere ein Imperium von zehn Bergbauunternehmen und lasse für die Familienfirma „Interprospekt Group" und deren Tochter „Bernina" Edelsteine abbauen.

Foto auf Seite 132 oben:

Ausgrabung des „Wyoming Dinosaur Center"
an einer Dinosaurierfundstelle im US-Bundesstaat Wyoming.
Foto: Wyomingdinosaurcenter / CC-BY-SA4.0
(via Wikimedia Commons),
lizensiert unter Creative-Commons-Lizenz by-sa-4.0-en,
https://creativecommons.org/licenses/by-sa/4.0/legalcode

Foto auf Seite 132 unten:

Thermopolis im US-Bundesstaat Wyoming.
Foto: Jonathan Green / CC-BY-SA4.0 (via Wikimedia Commons),
lizensiert unter Creative-Commons-Lizenz by-sa-4.0,
https://creativecommons.org/licenses/by-sa/4.0/legalcode

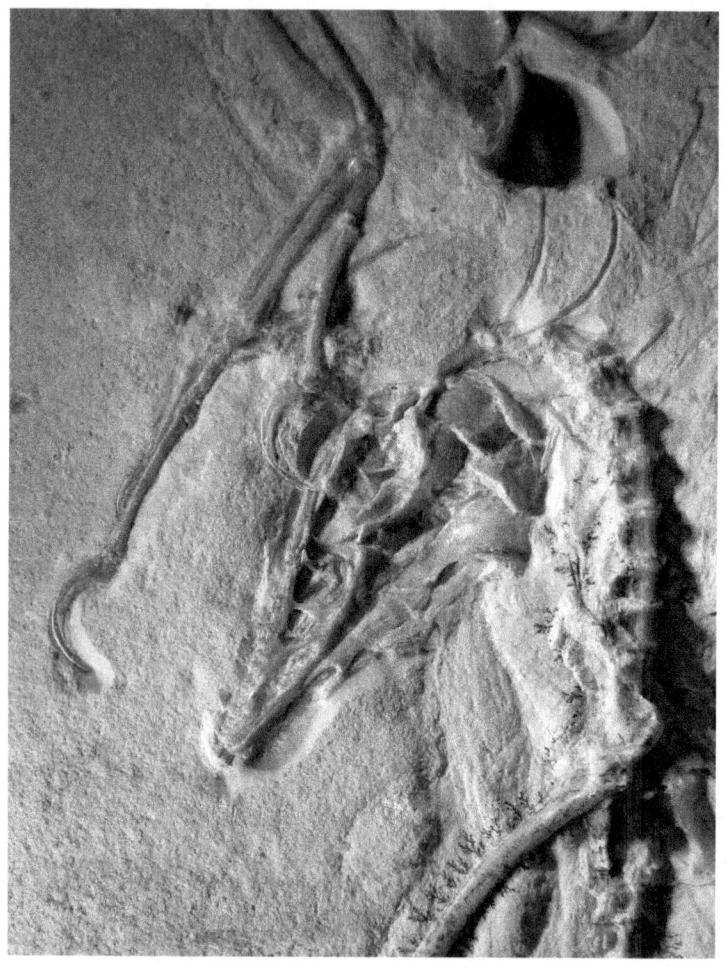

10. Exemplar eines Urvogels („Thermopolis-Exemplar"). Detailansicht mit Zähnen, drei Fingern einer Schwinge mit jeweils einer Kralle.
Foto: H. Raab (User Vesta) / CC-BY-SA3.0
(via Wikimedia Commons),
lizensiert unter Creative-Commons-Lizenz by-sa-3.0-en,
https://creativecommons.org/licenses/by-sa/3.0/legalcode

Scott Hartman

Scott Hartman war 2007 zur Zeit der Beschreibung des 10. Urvogel-Exemplars („Thermopolis-Exemplars") im „Zoological Journal of the Linnean Scociety" wissenschaftlicher Direktor des „Wyoming Dinosaur Center („WDC") in Thermopolis im US-Bundesstaat Wyoming. Er wurde 1976 in Menomonee Falls im US-Bundesstaat Wisconsin geboren. Im Sommer 1997 arbeitete er erstmals im 1995 von Burkhard Pohl eröffneten „Wyoming Dinosaur Center". In den Sommern 2003 und 2004 kehrte er jeweils zum „WDC" zurück. 2005 erhielt er einen Full-Time-Job als „Science Director" beim „WDC". Diese Funktion hatte er bis 2010. In der Folgezeit betätigte er sich als Illustrator und Paläontologe. Seine Skelettrekonstruktionen von prähistorischen Sauriern kann man auf der Internetseite mit der Adresse https://www.skeletaldrawing.com bewundern. Der in Madison (Wisconsin) lebende Künstler und Forscher hat folgende Interessensgebiete: Evolution, Genetik, Dinosaurier, Filme, Geschichte und Psychologie. Seine künstlerischen Arbeiten werden in Museen, Büchern, wissenschaftlichen Publikationen und im Fernsehen gezeigt. Laut Online-Lexikon „Wikipedia" ist das „Wyoming Dinosaur Center" eines der wenigen Dinosauriermuseen, die Ausgrabungsstellen in Fahrweite haben. Die Ausgrabungsstätten sind bereits nach etwa viertelstündiger Autofahrt erreichbar. Das in diesem Dinosauriermuseum ausgestellte „Thermopolis-Exemplar" ist der einzige Originalfund eines Urvogels der Gattung *Archaeopteryx* außerhalb von Europa. Die anderen Exemplare von *Archaeopteryx* werden in Deutschland (Berlin, Eichstätt, Solnhofen, Schnaittach, München, Denkendorf) und England (London)aufbewahrt.

Frankfurter Paläornithologe Gerald Mayr,
Erstbeschreiber etlicher fossiler Vogelarten.
Foto: Dr. Gerald Mayr, Senckenberg Forschungsinstitut
und Naturmuseum Frankfurt am Main,
Leiter der ornithologischen Sektion

Gerald Mayr

Gerald Mayr, 1969 in München geboren, ein weiterer Beschreiber des 10. Urvogel-Exemplars, ist ein renommierter Experte für Paläornithologie und Ornithologie. 1997 promovierte er an der „Humboldt-Universität Berlin" mit der Arbeit „Coraciiforme" und „piciforme" Kleinvögel aus dem Mittel-Eozän der Grube Messel (Hessen, Deutschland". Ab 1997 arbeitete er am „Forschungsinstitut Senckenberg" in Frankfurt am Main. Dort ist er Leiter der ornithologischen Sektion. Mayr befasst sich vor allem mit der Vogelfauna des Paläogen (etwa 65 bis 23 Millionen Jahre). Er gilt als Experte für fossile Vögel aus der Grube Messel bei Darmstadt, die im Eozän vor etwa 48 Millionen Jahren existierten. Zusammen mit Kollegen untersuchte er 2007 das 10. Urvogel-Exemplar aus Bayern („Thermopolis-Exemplar"). Gemeinsam mit Kollegen ist Mayr Erstbeschreiber etlicher neuer fossiler Vogelarten: dem weltweit ältesten Kolibri *Eurotrochilus inexpectus* aus Frauenweiler bei Wiesloch in Baden-Württemberg aus dem Oligozän vor mehr als 30 Millionen Jahren (2004), dem miozänen Papagei *Bavaripsitta ballmanni* aus dem Nördlinger Ries (2004), dem Pseudozahnvogel *Pelagornis chilensis* mit 5,25 Meter Flügelspannweite aus Chile aus dem Miozän vor etwa 10 bis 5 Millionen Jahren (2010), den weltweit ältesten körnerfressenden Vögeln *Eofringillirostrum boudreauxi* und *Eofringillirostrum parvulum* aus Deutschland und den USA aus dem Eozän vor ungefähr 50 Millionen Jahren (2019), dem fossilen Albatros *Aldiomedes anguirostris* aus dem Pliozän vor etwa 3 Millionen Jahren. 2013 erhielt Mayr den „Maria-Koepcke-Preis", der „Deutschen Ornithologen-Gesellschaft", der an die deutsch-peruanische Ornithologin Dr. Maria Koepcke (1924–1971) und ihre vogelkundlichen Arbeiten erinnert.

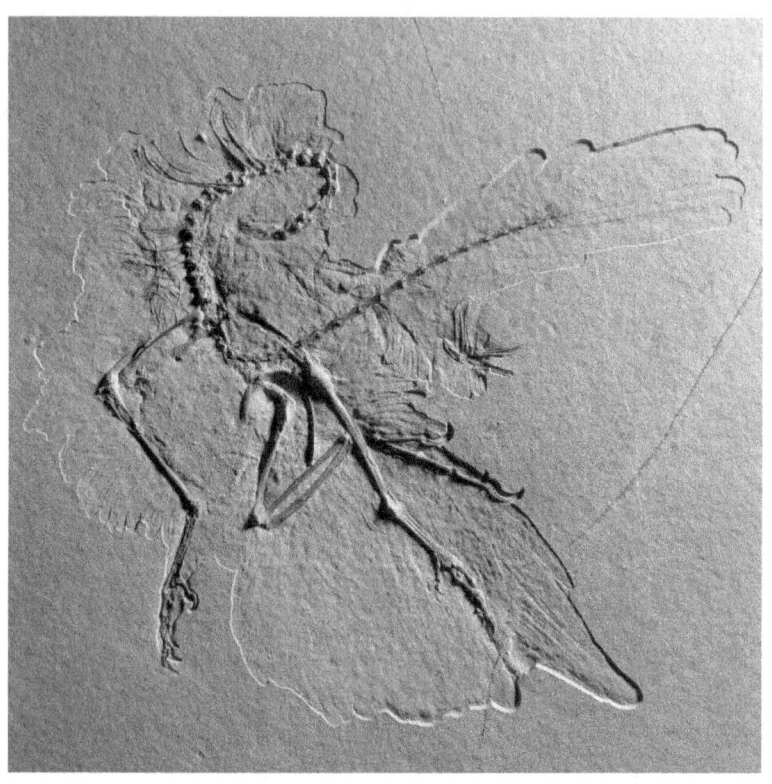

*11. Exemplar eines Urvogels („Altmühl-Exemplar")
aus einem Steinbruch im Raum Eichstätt (Oberbayern),
das 2011 bekannt wurde.
Foto vom Originalfund des 11. Urvogels:
Dr. h. c. rer. nat. Helmut Tischlinger, Stammham*

11. Exemplar: „Altmühl-Exemplar"

Die „Süddeutsche Zeitung" (München) berichtete am 19. Oktober 2011 über einen weiteren Urvogelfund aus Bayern. Das Federkleid und die Knochen des Neufundes seien ausgesprochen gut erhalten, erklärte Oliver Walter Mischa Rauhut, Konservator an der „Bayerischen Staatssammlung für Paläontologie und Geologie" in München. Nur ein Flügel und der Schädel fehlen weitgehend, teilte ebenfalls am 19. Oktober 2011 die „Augsburger Allgemeine" über die spektakuläre Entdeckung mit.

Der Urvogel, von dem hier die Rede ist, wurde von einem Steinbruchbesitzer schon vor mehreren Jahrzehnten im Raum Eichstätt (Oberbayern) entdeckt und bei den „Mineralientagen München 2011" vom 28. bis zum 30. Oktober 2011 erstmals der Öffentlichkeit präsentiert. Der Steinbruchbesitzer hat dieses *Archaeopteryx*-Skelett den Experten Oliver Walter Mischa Rauhut (München), Christian Foth (damals München) und Helmut Tischlinger (Stammham) zur wissenschaftlichen Untersuchung überlassen. Außerdem bat er darum, für eine Eintragung des Fossils in das „Verzeichnis national wertvollen Kulturgutes" (Nr. 02923) zu sorgen, womit es der Wissenschaft erhalten bleibt. Im Juli 2014 wurden die Ergebnisse der Untersuchung von Foth, Tischlinger und Rauhut in der Zeitschrift „Nature" mit *Archaeopteryx* als Titelbild vorgestellt. Auch dabei hat man weder den genauen Fundort noch den Aufbewahrungsort erwähnt. Im „Scienceblog" konnte man am 6. Juli 2014 im Artikel „Der elfte Archaeopteryx" des Physikers Martin Baker nachlesen, der Sensationsfund sei in

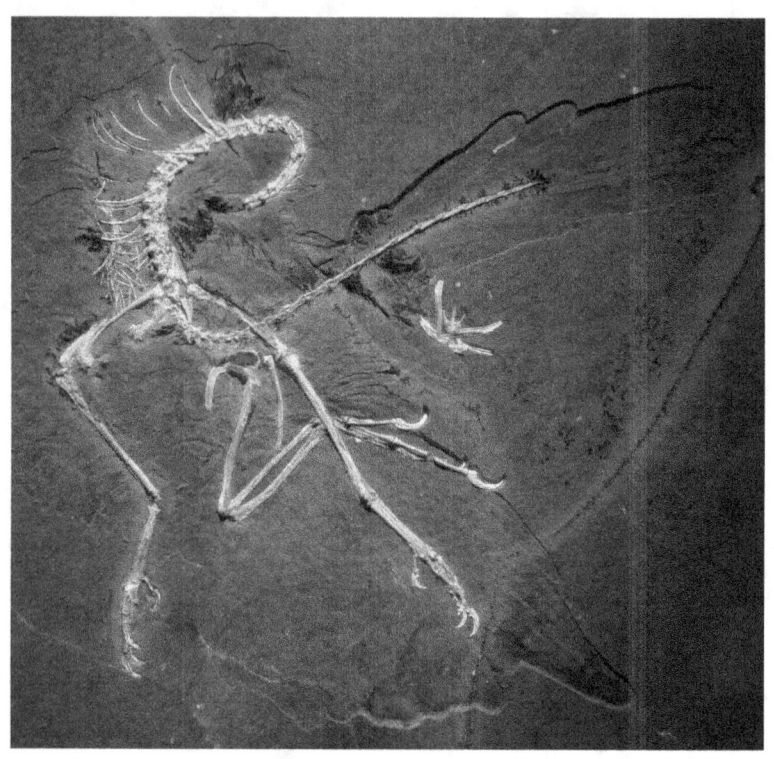

*11. Exemplar eines Urvogels („Altmühl-Exemplar")
unter UV-Licht. Mit dieser Technik werden Knochen
durch die helle Fluoreszenz besonders deutlich hervorgehoben
und lassen sich von dem sie umgebenden Gestein besser unterscheiden.
Das sehr aufwändige Verfahren ermöglicht es,
bei Fossilien ansonsten unsichtbare bioorganische Strukturen
zu erkennen.
Foto vom Originalfund des 11. Urvogels:
Dr. h. c. rer. nat. Helmut Tischlinger, Stammham*

Privatbesitz und werde als Leihgabe in der „Bayerischen Staatssammlung für Paläontologie und Geologie" aufbewahrt. Das „Weißenburger Tagblatt" berichtete am 17. November 2014, der 11. Urvogel werde bei der achten „Solnhofener Museumsnacht" und danach bis zum 6. Januar 2015 im „Bürgermeister-Müller-Museum" präsentiert. Vom 6. Juni 2018 bis zum 31. Dezember 2019 sah man den 11. Urvogel in einer Sonderausstellung des „Senckenberg-Naturmuseums" in Frankfurt am Main". Zur Verfügung gestellt wurde das Fossil von der „Interprospekt AG", die eine Privatsammlung betreut, in der sich jene *Archaeopteryx* befindet.

Der 2011 bekannt gewordene Urvogel hat das bislang besterhaltene Federkleid, was detaillierte Vergleiche mit anderen Tieren ermöglichte. Erstmals konnten Details der Federn an Körper, Schwanz und vor allem an den Beinen untersucht werden. Beim Vergleich mit anderen gefiederten Raubdinosauriern erkannte man, dass das Federkleid bei diesen Tieren in verschiedenen Körperregionen sehr unterschiedlich war. Nach Ansicht des Paläontologen Rauhut deutet dies darauf hin, dass die Federn nicht zum Fliegen, sondern in anderen funktionellen Zusammenhängen entstanden sind. Das Federkleid habe *Archaeopteryx* vermutlich zur Wärme-Isolation gedient. Fortschrittliche Raubdinosaurier und frühe Vögel nutzten wahrscheinlich beim schnellen Laufen ihre Armschwingen zum Halten der Balance. Federn waren nützlich bei der Brut, aber auch als Tarnung oder Schmuck. Vor allem die Federn an Schwanz, Flügeln und Hinterbeinen besaßen schmückende Funktion. Vermutlich habe der Urvogel auch fliegen können. Die seitlichen Schwanzfedern von *Archaeopteryx* waren aerodynamisch geformt und dürften eine wichtige Rolle bei der Flugfähigkeit gespielt haben, erklärte der Paläontologe Christian Foth. Renommierte Experten haben den 11. Urvogel als „Altmühl-Exemplar" bezeichnet.

*12. Exemplar eines Urvogels („Schamhauptener Exemplar")
aus einem Steinbruch bei Schamhaupten,
einem Ortsteil von Altmannstein in Oberbayern.
Rechts oben ein Ammonit vermutlich der Art Neochetoceras bous.
Original im „Dinosaurier-Park Altmühltal" in Denkendorf.
Foto: Professor Dr. Oliver W. M. Rauhut,
Bayerische Staatssammlung für Paläontologie
und historische Geologie, München*

12. Exemplar: „Schamhauptener Exemplar"

Am 29. Mai 2010 glückte einem Fossiliensammler aus Nürnberg in einem Steinbruch des oberbayerischen Kreises Eichstätt auf einem Bergrücken etwa 500 Meter nordwestlich von Schamhaupten die Entdeckung eines Wirbeltieres. In diesem Steinbruch war seit Juli 2000 kostenlos die Suche nach Versteinerungen erlaubt. Der erfahrene Privatsammler, der anonym bleiben wollte, stieß auf ein in viele Teile zerbrochenes noch im Gestein eingeschlossenes Fossil. Weil aufgespaltene Knochenbruchstücke sichtbar waren, vermutete der Entdecker, es könne sich um ein Reptil, eventuell um einen Flugsaurier handeln.
Der Mann barg sorgfältig alle Teile bis in die Nacht hinein, dokumentierte den seltenen Fund und meldete diesen beim Landratsamt Eichstätt und einigen Paläontologen. Nach ersten Präparationsarbeiten hatte der Sammler den Verdacht, es könne sich um einen Urvogel handeln. Die wahre Natur des zum größten Teil unpräparierten Fossils wurde bei einer genaueren Untersuchung durch Paläontologen der „Bayerischen Staatssammlung für Paläontologie und Geologie" in München erkannt. Statt eines vom Entdecker vermuteten Flugsauriers steckten die Reste eines Urvogels *Archaeopteryx* im Gestein. Darauf weisen einige der bereits sichtbaren Zähne und der erkennbaren Beckenknochen hin. Wegen der großen wissenschaftlichen Bedeutung wurde das Fossil bereits im weitgehend unpräparierten Zustand in die deutsche Kulturgutliste eingetragen. Damit war seine stete wissenschaftliche Verfügbarkeit garantiert.

Die Präparation des in vier größeren Bruchstücken und Hunderten kleiner Einzelteile vorliegenden Fossils in den Folgejahren erwies sich sehr schwierig und zeitaufwändig. Sie erfolgte unter Aufsicht und Beratung des Geologen und Co-Inhabers des Denkendorfer „Dinosaurier-Parks Altmühltal", Raimund Albersdörfer, durch renommierte Experten.
Noch vor Abschluss der Präparation wurden im März 2014 die Grundstückseigentümer Rosie und Franz Gerstner des Schamhauptener Steinbruches, dem gemäß § 984 des „Bürgerlichen Gesetzbuches" die Häfte des Fundwertes zustand, vom Entdecker im gegenseitigen Einverständnis mit einer sechsstelligen Summe angemessen abgefunden. Nach der Präparation hat man den Urvogel einige Monate lang in der „Bayerischen Staatssammlung für Paläontologie und Geologie" in München wissenschaftlich untersucht
Ab 25. August 2016 war die Schamhauptener *Archaeopteryx* als Dauerleihgabe im nur rund 10 Kilometer vom Fundort entfernten „Dinosaurier-Park Altmühltal" in Denkendorf in einer Hochsicherheitsvitrine ausgestellt. Der neue Urvogelfund kam in den Öchselberg-Schichten des Schamhauptener Sammlersteinbruchs ans Tageslicht und gilt als die geologisch älteste *Archaeopteryx*. Möglicherweise ist die Schamhauptener *Archaeopteryx* einige 10.000 Jahre älter als das vermutlich schon 1875 oder sogar 1874 entdeckte „Berliner Exemplar" vom Blumenberg bei Eichstätt.
Die Bezahnung und einige Skelettproportionen der Schamhauptener *Archaeopteryx* unterscheiden sich von anderen Urvogelfunden. Auffälligerweise besitzen bisher keine zwei Exemplare identische Muster bei der Bezahnung. Dies könnte auf wachstumsabhängige oder geschlechtsspezifische Abweichungen innerhalb einer Art zurückzuführen sein. Eventuell existierten auf den Inseln des Solnhofen-Archipels unterschiedliche Arten von *Archaeopteryx*.

Unweit des Sammlersteinbruches, in dem man die Schamhauptener *Archaeopteryx* barg, befindet sich der westlich von Schamhaupten liegende Stark'sche Steinbruch, in dem 1998 der kleine Raubdinosaurier *Juravenator starki* zum Vorschein kam.

*Geologe, Paläontologe, Fossilienhändler, Dinosaurier-Jäger
und Urvogel-Experte Raimund Albersdörfer.
Nach ihm sind der Urvogel Archaeopteryx albersdoerferi
und der Raubdinosaurier Sciurumimus albersdoerferi benannt.
Foto: Bernhard Löhlein, pde-Foto*

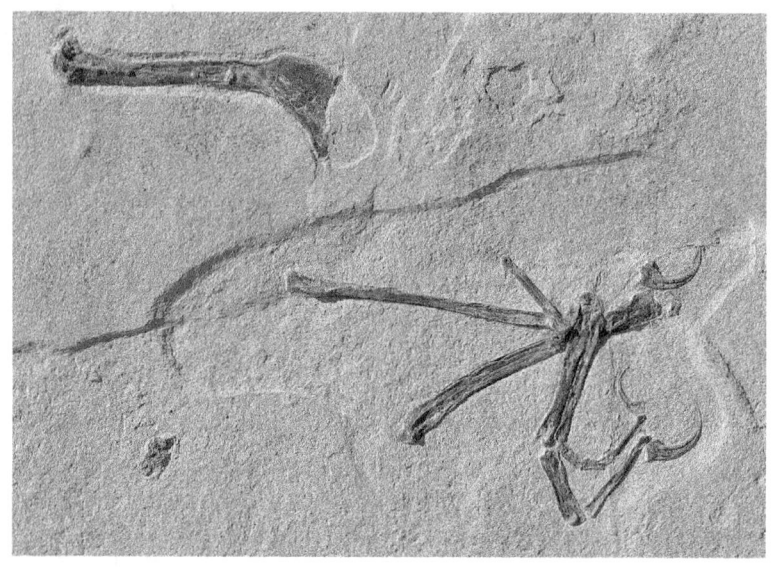

*13. Exemplar eines Urvogels (Alcmonavis poeschli)
aus einem Steinbruch der Grundstücksgemeinschaft Pöschl-Leonhard
auf dem Schaudiberg in Mühlheim
im Markt Mörsheim (Kreis Eichstätt) in Oberbayern.
Original in der „Bayerischen Staatssammlung für Paläontologie
und Geologie" in München.
Foto: Professor Dr. Oliver Walter Mischa Rauhut,
Bayerische Staatssammlung für Paläontologie
und Geologie, München*

13. Exemplar:
Alcmonavis poeschli

Im November 2017 entdeckte Roland Pöschl in seinem „Alter Schöpfel-Steinbruch" auf dem Schaudiberg bei Mühlheim (Markt Mörnsheim) im Kreis Eichstätt (Oberbayern) eine Steinplatte mit dem rechten Flügel eines Urvogels. Der Fund kam in den Mörnsheimer Schichten aus der Stufe Unteres Tithonium der Oberjurzeit zum Vorschein. Plattenkalke aus diesen Schichten sind zur Zementherstellung kommerziell nicht verwertbar. Deshalb schob man sie in vielen Plattenkalk-Steinbrüchen der Südlichen Frankenalb als Abraum ab und untersuchte sie nicht näher.
Die Präparation des Fossils erfolgte durch den Steinbruchmitbesitzer Ulrich (Uli) Leonhardt. 2018 wurde der Fund als Exemplar von *Archaeopteryx* gemeldet. Dabei wies man auf die Möglichkeit hin, dass es sich um eine neue Art der Urvögel handeln könnte. 2019 beschrieben die Experten Oliver Walter Mischa Rauhut (München), Helmut Tischlinger (Stammham) und Christian Foth (Freiburg, Schweiz) den Neufund als bisher unbekannte Art der Urvögel namens *Alcmonavis poeschli*. Der Gattungsname *Alcmonavis* fußt auf dem keltischen Namen des Flusses Altmühl, der durch das Fundgebiet fließt, und dem lateinischen Wort avis für Vogel. Mit dem Artnamen *poeschli* ehrte man den Entdecker Roland Pöschl. Nach Ansicht der Erstbeschreiber sollte das 13. Exemplar eines Urvogels als „Mühldorfer Exemplar" bezeichnet werden. Das Kirchdorf Mühldorf ist ein Gemeindeteil des Marktes Mörnsheim.
Der Flügel ist etwa 10 Prozent größer als die Flügel der vorher geborgenen *Archaeopteryx*-Skelette. Der Größenunterschied

*Künstlerische Rekonstruktion der Urvögel Alcmonavis poeschli (links)
und Archaeopteryx albersdoerferi (rechts),
geschaffen von dem Paläo-Künstler Joschua Knüppe aus Ibbenbüren.
Zeichnung: Joschua Knüppe, Ibbenbüren /
http://dinodata.de/art/knueppe/joschua_knueppe.php*

irritierte den Münchener Wirbeltierpaläontologen Rauhut. Deswegen schauten er und sein Team alle *Archaeopteryx* weltweit genau an. Das Ergebnis: Einerseits war das neu entdeckte Fossil der *Archaeopteryx* sehr ähnlich, andererseits gab es aber auch Unterschiede zu ihr. Am Oberarm befinden sich eine ovale Facette, welche die Ansatzstelle für den Pectoralismuskel bildet. Dies ist der Muskel, der für den Flügelniederschlag zuständig ist und den Flügel nach unten zieht. Diese Ansatzstelle fehlt bei *Archaeopteryx*. Weitere Ansatzstellen sind bei *Alcmonavis* darauf ausgerichtet, den Flügel zu stabilisieren. Auch sie sind bei *Archaeopteryx* nicht vorhanden. Der zweite Finger der Hand ist sehr robust und trägt die Schwingen, die großen Konturfedern, die für den Aufschwung zuständig sind. All dies deute darauf hin, dass *Alcmonavis* ein fortschrittlicher Vogel und damit der modernste Vogel der Jurazeit sei.

Archaeopteryx und *Alcmonavis* lebten offenbar gleichzeitig in der subtropischen Lagunenlandschaft in Süddeutschland. Doch beide unterscheiden sich bereits von ihren Ahnen und die Evolution habe *Alcmonavis* mit mehr Muskelmasse ausgestattet. Der Flug habe sich relativ schnell entwickelt. Dies erhärtet laut Rauhut den Verdacht, dass der Vogelflug als Flatterflug entstanden und wohl nicht aus dem Gleitflug hervorgegangen sei. Der seltene Fossilfund von *Alcmonavis* wurde vom Land Bayern angekauft und in die „Bayerische Staatssammlung für Paläontologie und Geologie" in München eingegliedert. Er trägt die Inventarnummer „SNSB-BSPG 2017 I 133".

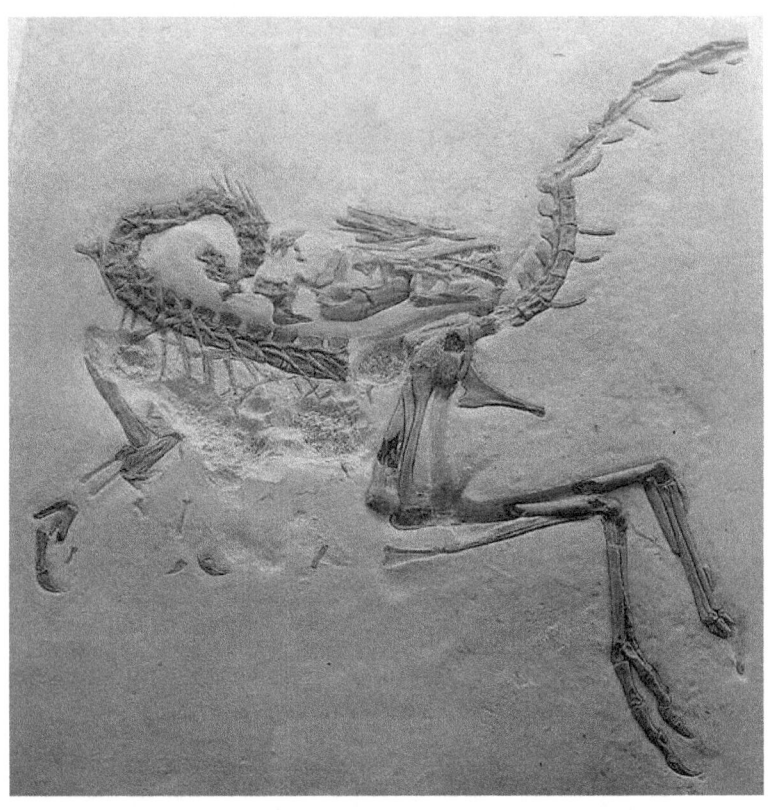

*Abguss des Originalfundes von Compsognathus longipes
aus einem Steinbruch in Kelheim oder bei Jachenhausen
nahe Riedenburg in Niederbayern
im „Oxford University Museum of Natural History".
Foto: Ballista (CC-BY-SA3.0 (via Wikimedia Commons),
lizensiert unter Creative-Commons-Lizenz by-sa-3.0-de
http://creativecommons.org/licenses/by-sa/3.0/legalcode*

Compsognathus longipes

Der kleine Raubdinosaurier *Compsognathus longipes* aus der Oberjurazeit vor etwa 151 bis 148 Millionen Jahren wurde 1858 von dem Gerichtsarzt und Sammler Joseph Oberndorfer (1802–1873) aus Kelheim entdeckt. Als mögliche Fundorte werden ein Steinbruch in Kelheim oder bei Jachenhausen nahe Riedenburg in Niederbayern diskutiert. Der Münchener Paläontologe Andreas Wagner (1797–1861) beschrieb diesen Fund 1859 kurz und 1861 länger und nannte ihn *Compsognathus longipes* („Langbeiniger Zartkiefer"). Der Gattungsname *Compsognathus* besteht aus den griechischen Wörtern kompsos (elegant) und gnathos (Kiefer). Wagner hielt dieses Fossil aus Bayern für eine Art Eidechse. 1868 vermutete der englische Wissenschaftler Thomas Henry Huxley (1825–1895), dass dieses Tier eng mit Dinosauriern verwandt war. 1896 identifizierte der amerikanische Paläontologe Othniel Charles Marsh (1831–1899) den Fund aus Bayern als Dinosaurier.

Compsognathus hatte etwa die Größe eines Truthuhns, war 89 Zentimeter lang und wog schätzungsweise drei Kilogramm. Er trug einen etwa 7,5 Zentimeter langen Schädel, besaß die für Hohlknochen-Dinosaurier (Coelurosaurier) typischen hohlen Knochen und einen langen Schwanz zum Balancieren. An den Hinterbeinen waren drei Zehen nach vorne und eine kleine nach hinten ausgerichtet. Mit seinen dreifingrigen Händen konnte er flink Beutetiere ergreifen. Zu seinen Opfern gehörten kleinere Reptilien und vielleicht auch Insekten. 1881 entdeckte Marsh in der Bauchregion des *Compsognathus* aus Bayern ein kleines Skelett, das er für Reste eines Embryos hielt. 1903 stellte der österreichisch-ungarische Paläontologe Franz Baron Nopcsa (1877–1933) fest, dass es sich hierbei

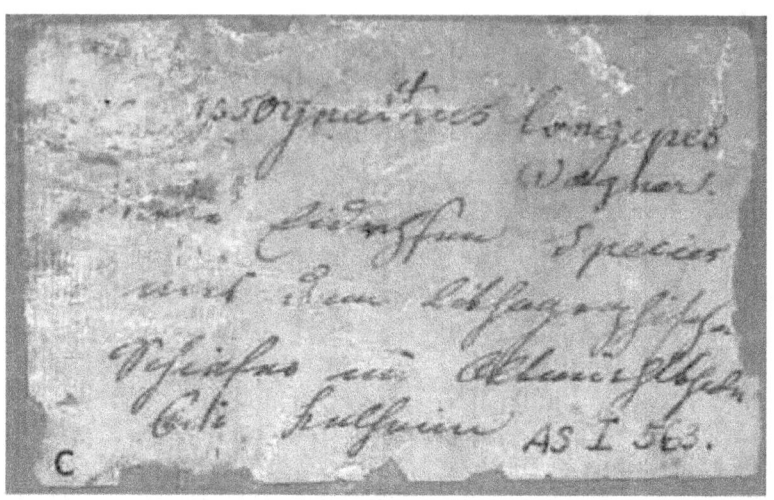

*Auf dem von Joseph Oberndorfer (1802–1873)
eigenhändig geschriebenen Etikett steht zu lesen:
„Compsognathus longipes Wagner.
Neue Eidechsen Species aus dem lithographischen Schiefer
im Altmühlthale bei Kelheim".
Die Inventarnummer „AS I 563" wurde erst
nach dem „Zweiten Weltkrieg" auf dem Etikett beigefügt.
Abbildung aus Markus Moser (2017):
Der Sammler Dr. Joseph Oberndorfer und seine Fossilien-Sammlung
– ein Beitrag zur Geschichte der Paläontologie in Bayern
und zur Frage der Fundorte im Raum Kelheim.
Zitteliana 90, S. 55–142, München.*

> No. AS I 563
> **Compsognathus longipes.** Wagn.
> (Orig. Ex. z. Wagn. Abh. Bd. IX, T. 3)
> Lithograph. Schiefer. Jachenhausen. Oberpfalz.

Gedrucktes Ausstellungs-Etikett für Compsognathus longipes um 1900.
Der gedruckte Text lautet: „Compsognathus longipes. Wagn.
(Orig. Ex. z. Wagn. Abh. Bd. IX, T. 3)
Lithograph. Schiefer. Jachenhausen, Oberpfalz.
Handschriftlich steht oben als Inventarnummer „No. AS I 563".
Dieses gedruckte Etikett ist in einer Abhandlung des Paläontologen
Friedrich von Huene (1875–1969) von 1901 zu sehen.
Jachenhausen gehört seit 1. Juli 1972 nicht mehr zur Oberpfalz,
sondern zu Niederbayern.
Abbildung aus Markus Moser (2017):
Der Sammler Dr. Joseph Oberndorfer und seine Fossilien-Sammlung
– ein Beitrag zur Geschichte der Paläontologie in Bayern
und zur Frage der Fundorte im Raum Kelheim.
Zitteliana 90, S. 55–142, München.

Rekonstruktion des Paläontologen Othniel C. Marsh (1831–1899) von Compsognathus (1899)

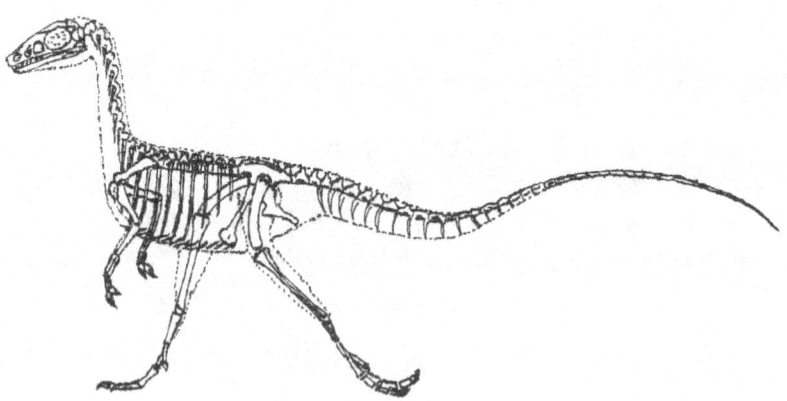

Rekonstruktion des Paläontologen John H. Ostrom (1928–2005) von Compsognathus (1978)

Rekonstruktion des Paläontologen Othenio Abel (1875–1946) von Compsognathus als „Miniaturkänguruh" (1911)

Rekonstruktion des Ornithologen Gerhard Heilmann (1859–1946) von Compsognathus (1925)

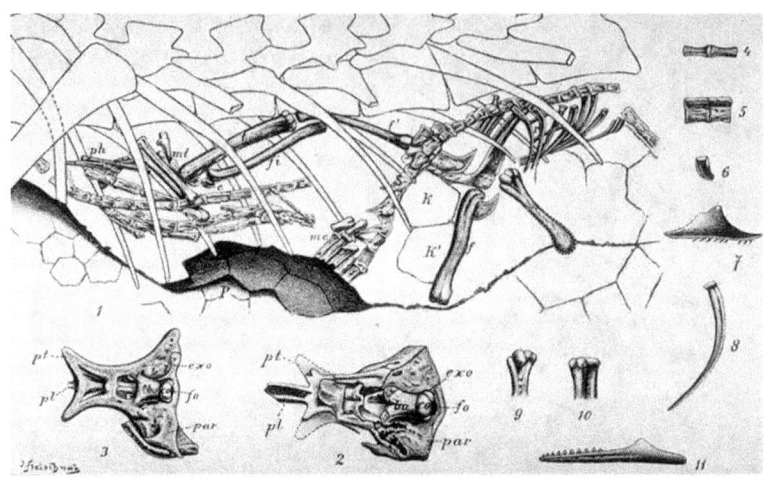

*Diese Illustration von 1903 des ungarischen Paläontologen
Franz von Nopcsa (1877–1933) zeigt den Mageninhalt
des in Bayern gefundenen Zwergdinosauriers Compsognathus longipes.
Zeichnung: (via Wikimedia Commons),
Lizenz: gemeinfrei (Public domain)*

*Rekonstruktion des Zwergdinosauriers Compsognathus longipes.
Zeichnung: Nobu Tamura /http://spinops.blogspot.com /
CC-BY-SA3.0 (via Wikimedia Commons),
lizensiert unter Creative-Commons-Lizenz by-sa-3.0-en,
https://creativecommons.org/licenses/by-sa/3.0/legalcode*

um das Skelett einer kleinen Echse handelte, die von *Compsognathus* gefressen worden war. Der amerikanische Paläontologe John H. Ostrom identifizierte das Beutetier 1994 als Eidechse der Gattung *Bavarisaurus*. Weil das *Bavarisaurus*-Skelett komplett erhalten ist, muss *Compsognathus* dieses Beutetier ganz verschluckt haben. Da der langbeinige *Bavarisaurus* als schneller Läufer gilt, muss *Compsognathus* als Jäger dieses Tieres die Fähigkeit zur raschen Beschleunigung und ein gutes Sehvermögen besessen haben.

Wegen seiner geringen Gesamtlänge galt der *Compsognathus*-Fund aus Bayern lange Zeit als der kleinste Dinosaurier der Erde. Später entdeckte man noch kleinere Dinosaurier wie *Caenagnathasia* (1993 beschrieben), *Parvicursor* (1996) oder *Microraptor* (2000). Merklich größer als das Exemplar aus Bayern ist der zweite Fund eines *Compsognathus*, der bei Canjuers nahe Nizza (Frankreich) glückte und 1972 *Compsognathus corallestris* genannt wurde. Dieser Fund, der 1983 vom „Musée national d'histoire naturelle" in Paris erworben wurde, besteht aus zwei Gesteinsblöcken. Auf einem der Blöcke befinden sich der Schädel und das Restskelett bis zum siebten Schwanzwirbel, auf dem anderen die Schwanzwirbel 9 bis 31. Das hintere Schwanzende und einige Handknochen fehlen. Man konnte aber erkennen, dass der *Compsognathus* aus Frankreich an jeder Hand drei Finger hatte. Bei dem Exemplar aus Bayern waren nur jeweils zwei Finger erhalten geblieben. Die Gesamtlänge des *Compsognathus* aus der Gegend von Canjuers wird auf etwa 1,25 Meter geschätzt. Auch in seinem Bauch hat man Reste von verzehrten Echsen gefunden. Seit 1991 rechnet man den Fund aus Frankreich ebenfalls zur Art *Compsognathus longipes*. Das kleinere Fossil aus Bayern gilt heute als Jungtier.

Der Skelettbau von *Compsognathus* ähnelt in Form, Größe und Proportionen verblüffend demjenigen des gleichzeitig existierenden Urvogels *Archaeopteryx* aus Bayern. Aus diesem Grund

hat man einen 1951 geborgenen Urvogelfund bei Workerszell zeitweise irrtümlich für einen Raubdinosaurier der Gattung *Compsognathus* gehalten. Doch an keinem der *Compsognathus*-Fossilien sind Abdrücke von Federn zu erkennen. So manches, was früher über *Compsognathus* publiziert wurde, gilt heute nicht mehr. 1901 beschrieb der deutsche Paläontologe Friedrich von Huene (1875–1969) am *Compsognathus* aus Bayern Hautabdrücke in der Bauchregion und einen Hautpanzer aus sechseckigen Hornplatten, der zumindest den Schwanz und den Nacken des Tieres bedeckt haben soll. Später wurden auch Strukturen an den Armen des *Compsognathus* aus Frankreich als Reste von Schwimmhäuten gedeutet. Doch John H. Ostrom widerlegte 1978 diese Ansichten.
1922 vermutete der österreichische Paläontologe Othenio Abel (1875–1946) nach der Untersuchung einer als *Kouphichnium lithographicum* bezeichneten Fährtenfolge, einige kleine Dinosaurier wie *Compsognathus* hätten sich hüpfend fortbewegt. 1937 glaubte der Paläontologe Martin Wilfarth, der Erzeuger dieser Fährte sei ein kleiner Dinosaurier, der zur Fortbewegung die Arme gespreizt nach vorne gesetzt habe, um die Hinterbeine nach vorne hindurch zu schwingen. Doch 1940 wies Kenneth Caster nach, dass es sich bei der *Kouphichnium*-Fährte um die Spuren eines Pfeilschwanzkrebses der Gattung *Limulus* handelte. Nach neueren Studien mit Muskulaturmodellen erreichte *Compsognathus* eine Höchstgeschwindigkeit bis zu 64 Stundenkilometern.
1983 deutete der deutsche Paläontologe Matthias Mäuser zehn Halbkugeln mit einem Durchmesser von jeweils einem Zentimeter unterhalb des Brustkorbs des *Compsognathus* aus Bayern als ungelegte Eier dieses Dinosauriers. Andere Experten bezweifelten dies, weil die vermeintlichen Eier außerhalb des Körpers liegen. Weitere Zweifel entstanden nach der Entdeckung eines Skelettes des eng mit *Compsognathus*

verwandten Dinosauriers *Sinosauropteryx* aus China mit zwei fossilen Eiern in der Bauchregion. Denn diese Eier sind proportional größer und weniger zahlreich als die vermeintlichen *Compsognathus*-Eier.

Manche Experten meinen, *Compsognathus* habe an der Meeresküste gelebt. Vielleicht sei er bei einer Überschwemmung ins Meer gerissen worden und darin ertrunken. Die *Compsognathus*-Fundorte Jachenhausen in Bayern und Canjuers in Frankreich waren zu Lebzeiten dieses Raubdinosauriers Lagunen zwischen den Stränden und Korallenriffen von Inseln im Urmittelmeer Tethys. Nach den Funden zu schließen, lebten damals auch der Urvogel *Archaeopteryx* sowie die Flugsaurier *Rhamphorhynchus* und *Pterodactylus* sowie Meerestiere.

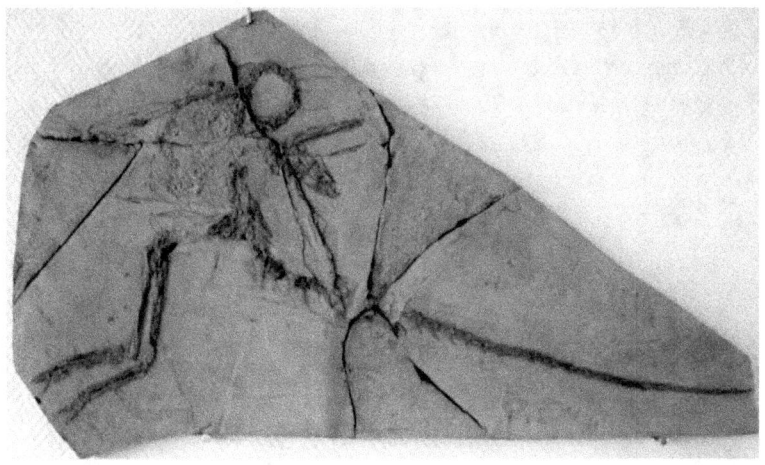

Zwergdinosaurier Compsognathus corallestris
aus Canjuers bei Nizza in Südfrankreich.
Foto: Michael Royon (User Royonyx) / CC-BY-SA3.0
(via Wikimedia Commons),
lizensiert unter Creative-Commons-Lizenz by-sa-3.0,
https://creativecommons.org/licenses/by-sa/3.0/legalcode

Eschenbach in der Oberpfalz,
der Geburtsort des Gerichtsarztes und Fossiliensammlers
Joseph Oberndorfer (1802–1873).
Zeichnung aus Pleickhard Stumpf (1807–1877):
„Bayern: ein geographisch-statistisch-historisches Handbuch
des Königreiches", München 1852

Joseph Oberndorfer

Joseph Oberndorfer, der Entdecker des Raubdinosauriers *Compsognathus longipes,* kam am 22. Dezember 1802 als erster Sohn eines Metzgers in der Stadt Eschenbach in der Oberpfalz zur Welt. 2017 schilderte der Münchener Paläontologe Markus Moser in der „Zitteliana" ausführlich das Leben und Wirken von Oberndorfer. Aus seinem kenntnisreichen Werk stammen die Daten und Fakten im nachfolgenden Text.
Oberndorfer besuchte das „Königliche Gymnasium" in Stadtamhof bei Regensburg und das Lyzeum der „Königlichen Studienanstalt" in München und studierte ab 1823 an der „Philosophischen Fakultät" der „Ludwig-Maximilians-Universität zu Landshut". 1825 promovierte er mit einer Doktorarbeit über den Gebrauch des Quecksilbers zur Austreibung der Syphillis.
Von 1829 bis 1834 arbeitete Dr. Oberndorfer als praktischer Art in Stadtamhof bei Regensburg und von 1834 bis 1870 als Landgerichtsarzt in Kelheim. 1840 heirateten Joseph Oberndorfer und Josephine Haindl (1821–1880), die Tochter eines Forstverwalters. 1847 und 1848 besuchte der Maler und Radierer Ferdinand von Lütgendorf (1785–1858) aus Würzburg die Gegend von Kelheim. Dort zeichnete und malte er bezahlte Poträts besser gestellter Personen und reizvolle Landschaftsbilder. Von Joseph Oberndorfer und seiner Ehefrau Josephine fertigte er Porträts an. Für Dr. Oberndorfer stellte er am 2. August 1848 auch eine „Tuschzeichnung nach der Natur" von einem „versteinerten Tier" an. Es ist nicht bekannt, wo diese drei Darstellungen verblieben sind.
König Ludwig I. von Bayern (1786–1868) verlieh Dr. Oberndorfer am 1. Januar 1860 für sein 25-jähriges Dienstjubiläum als Landgerichtsarzt das „Ritterkreuz erster Classe des Ver-

dienstordens vom heiligen Michael". Die Ehe der Oberndorfers blieb kinderlos. 1862 nahm das Ehepaar die 1857 geborene Nichte Anna Haindl als Pflegetochter auf. Deren Mutter war im April 1860 gestorben.
Dr. Oberndorfer galt im 19. Jahrhundert als renommierter Fossiliensammler. Seine Funde stammten aus Plattenkalken der Oberjurazeit und Grünsandsteinen der Kreidezeit bei Kelheim. Laien und Fachleuten zeigte er gerne seine Fossilien. Großzügig stellte er seine Funde zur wissenschaftlichen Bearbeitung zur Verfügung. Zu den Wissenschaftlern, die sich mit Fossilien aus seiner Sammlung befassten, gehörten – laut Markus Moser – Georg Graf zu Münster (1776–1844), Hermann von Meyer (1801–1869), Friedrich August Quenstedt (1809–1889), Andreas Wagner (1797–1861), Albert Oppel (1831–1865), Karl Alfred von Zittel (1839–1904), Max Schlosser (1854–1932) und Georg Boehm (1854–1913). Befreundete Forscher benannten von ihnen erstmals beschriebene Arten nach Oberndorfer. Andreas Wagner ehrte Oberndorfer mit der Fischart *Histionotus oberndorferi*, Hermann von Meyer mit den Schildkrötenarten *Aplax oberndorferi* und *Platychelis oberndorferi* sowie mit der Krokodilart *Atoposaurus oberndorferi*. Oberndorfer hat sich mehrfach von Fossilien und Antiquitäten getrennt. Ein größerer Verkauf erfolgte 1863 an das „Teylers Museum" in Haarlem (Niederlande) und an das „Britische Museum" in London. Ersteres erwarb Originale, letzteres Abgüsse von Fossilien. Anfang Mai 1865 verkaufte Oberndorfer den Rest seiner umfangreichen Fossiliensammlung für 7.000 fl an die „Paläontologische Staatssammlung" in München, was seine Geldsorgen behob. Auf Fürsprache des Kultusministers ernannte König Ludwig II. von Bayern (1845–1886) am 6. Mai 1865 Dr. Oberndorfer zum „Königlichen Hofrath".
Weil er seit mehreren Jahren an anomaler Gicht und zeitweise eintretenden „Gehirncongestionen" litt, stellte Oberndorfer

am 21. Juni 1866 einen Antrag auf Frühpensionierung. Dieser Antrag wurde bewilligt, aber Oberndorfer sollte noch drei Jahre einen Nachfolger einarbeiten. Tatsächlich ging er wegen abge-brochener Nachfolge noch vier Jahre lang in Kelheim einer amtsärztlichen und privatärztlichen Tätigkeit nach. Am 8. November 1870 zog die Familie Oberndorfer nach München, wohnte zunächst im Hotel „Bamberger Hof", ab 24. November 1870 in einer Wohnung im zweiten Stock in der Schillerstraße 37 und ab Mai 1872 in einer Wohnung im zweiten Stock in der Bayerstraße 24
Am 7. Januar 1873 nachts um 2.15 Uhr starb Joseph Oberndorfer nach langer Krankheit – mit allen heiligen Sterbesakramenten versehen – im Alter von 70 Jahren. Tags darauf erschien am 8. Januar 1873 eine Todesanzeige in den „Münchner Neuesten Nachrichten aus dem Gebiete der Politik". Begraben wurde Oberndorfer am 9. Januar 1873 um 15 Uhr auf dem Alten Südfriedhof (Zentralfriedhof) südlich des Sendlinger Tores. Der Trauergottesdienst erfolgte am 10. Januar 1873 um 9 Uhr in der „St. Bonifatiuskirche".
In wissenschaftlichen Kreisen nahm man vom Tod des verdienstvollen Fossiliensammlers Dr. Joseph Oberndorfer kaum Notiz. Sein Grab mit einem Grabstein aus Kelheimer Kalkstein wurde zu einem unbekannten Zeitpunkt aufgelöst.

*Rekonstruktionen verschiedener Compsognathidae.
Zeichnung: Jaime A. Headden (User Qilong) / CC-BY3.0
(via Wikimedia Commons),
lizensiert unter Creative-Commons-Lizenz by-3.0,
https://creativecommons.org/licenses/by/3.0/legalcode*

Andreas Wagner

Andreas Wagner erkannte in seinen Beschreibungen von 1859 und 1861 nicht, dass es sich bei *Compsognathus longipes* um einen Dinosaurier handelte, er bezeichnete ihn als Eidechse. Die geringe Größe und die Zartheit des Körperbaus mögen zu dieser Fehldeutung beigetragen haben. Die damals schon bekannten Echsen des Erdmittelalters wie *Megalosaurus* („Große Echse"), *Iguanodon* („Leguan-Zahn") oder *Hylaeosaurus* („Wald-Echse") waren 1841 von dem Londoner Naturforscher Richard Owen wegen ihrer unglaublichen Größe und anderer Merkmale zur Gruppe der Dinosaurier zusammengefasst worden. Wie sollte da ein gerade hühnergroßes Reptil mit zartem Knochenbau dazupassen?
Der am 21. März 1797 in Nürnberg geborene Andreas Wagner hatte in Erlangen studiert, dort 1826 promoviert und sich in Würzburg habilitiert. Ab 1832 war er Adjunkt der „Zoologischen Staatssammlung" in München, später zweiter Konservator der „Zoologischen Staatssammlung". 1835 wurde er außerordentliches und 1842 ordentliches Mitglied der „Bayerischen Akademie der Wissenschaften". 1839 entdeckte er in Griechenland die Fundstelle Pikermi mit fossilen Säugetieren aus dem Miozän vor etwa 7 Millionen Jahren.
Der Paläontologe Wagner hatte gute Kontakte zu dem Arzt und Fossiliensammler Joseph Oberndorfer in Kelheim. Er durfte über viele Fossilien aus Oberndorfers Sammlung Erstbeschreibungen verfassen und der Arzt vertraute ihm Raritäten zur Untersuchung an. Im Herbst 1852 hat der Paläontologe Wagner den Arzt Oberndorfer in Kelheim besucht. Dabei erhielt er die Erlaubnis für eine Beschreibung eines bei Sprengarbeiten in der Kelheimer Gegend in viele Trümmer

Neue Beiträge zur Kenntniss
der
urweltlichen Fauna des lithographischen Schiefers

von

Dr. A. Wagner,

Mitglied der k. Akademie der Wissenschaften.

Zweite Abtheilung:
Schildkröten und Saurier.

Mit 5 Tafeln Abbildungen.

Aus den Abhandlungen der k. bayer. Akademie der W. II. Cl. IX. Bd. I. Abth.

München 1861.
Verlag der k. Akademie,
in Commission bei G. Franz.

Ausführliche Beschreibung von Compsognathus longipes durch Andreas Wagner in „Neue Beiträge zur Kenntnis der urweltlichen Fauna des lithographischen Schiefers. II: Schildkröten und Saurier. V. Compsognathus longipes Wagner. Abhandlungen der königlich bayerischen Akademie der Wissenschaften" (1861)

unsere Schildkröte nicht mehr bei Aciehelys belassen, weil ihre Nacken- und Rippenplatten eine andere Form besitzen, ihr hinteres Ende nicht ausgeschnitten und der Panzer ziemlich stark gewölbt ist. Mit Platychelys kann sie indess auch nicht verbunden werden, schon desshalb nicht, weil ihr Rand nicht gezackt und die Wirbelplatten sehr differiren. An Idiochelys kann noch weniger gedacht werden und somit bleibt von unsern einheimischen jurassischen Schildkrötengattungen nur noch Euryaspis über, mit der sie wenigstens die gleichförmige Wölbung des Panzers und den ungezackten Rand theilt. Diess der Grund, warum ich sie jetzt als Euryaspis? approximata bezeichne.

V. Compsognathus longipes Wagn.
Tab. 3.

Herr Dr. Oberndorfer ist in neuerer Zeit so glücklich gewesen in dem lithographischen Schiefer von Kelheim abermals einen Saurier aufzufinden, durch welchen eine sehr ausgezeichnete neue Gattung repräsentirt wird, der ich den Namen Compsognathus ($\varkappa o\mu\psi\dot{o}\varsigma$, zierlich, $\gamma\nu\acute{a}\vartheta o\varsigma$, Kiefer) beilege. Es ist zu bedauern, dass dieses Skelet an manchen Stellen stark beschädigt ist; auch hat es nicht mehr seine natürliche Stellung, indem Hals und Schädel rückwärts bis zum Anfang des Schwanzes gekrümmt sind und die beiden hintern Gliedmassen neben und aufeinander gelagert sind, wie diess auch wieder mit den vordern der Fall ist.

Der Schädel zeigt eine sehr zierliche, schlanke, langgestreckte Form und übertrifft in dieser Beziehung noch den Monitor; er scheint aber schon vor der Umhüllung durch das Gestein bereits im macerirten Zustande sich befunden zu haben, indem seine einzelnen Knochen zum Theil wirr durcheinander liegen, zum Theil abgebrochen oder verschoben sind. Was sich mit grösserer oder geringerer Sicherheit über ihn aus-

zerlegten Ichthyosaurier-Skeletts und durfte das ganze Material für einen Vergleich mit anderen Ichthyosauriern mit nach München nehmen.

Wagner war ein Anhänger der biblischen Schöpfungsgeschichte und Gegner des Darwinismus. Als Darwinismus bezeichnete man die von dem englischen Naturforscher Charles Robert Darwin (1809–1882) begründete Lehre über die Entstehung der Arten. Laut Darwinismus führt die zu große Nachkommenzahl der Lebewesen zu einem Konkurrenzkampf („Kampf ums Dasein"), bei dem nur die jeweils am besten angepassten überleben. Wagner lehnte auch die Interpretation des 1861 im Ottmann'schen Steinbruch auf der Gemarkung Langenaltheimer Haardt bei Langenaltheim entdeckten Urvogels *Archaeopteryx lithographica* als Übergangsform von Reptilien zu Vögeln ab. Für ihn war das lediglich ein Kriechtier, das er *Griphosaurus* („Rätsel-Echse") nannte,, die Federn sah er nur als Zierrat an. Ungeachtet dessen gehörte er zu den Kaufinteressenten jener *Archaeopteryx,* erlebte aber nicht mehr, dass diese am 26. August 1862 an das „Britische Museum" in London verkauft wurde.

Andreas Wagner starb am 17. Dezember 1861 im Alter von 64 Jahren in München. Von ihm kennt man kein Porträt, weder als Zeichnung noch als Gemälde oder als Foto.

In seiner 1861 erschienenen ausführlichen Beschreibung von *Compsognathus longipes* gab Andreas Wagner den lithographischen Schiefer von Kelheim als Fundort an. Diese Angabe wurde später von anderen Forschern im 19. Jahrhundert übernommen. Auf dem vom Entdecker Joseph Oberndorfer eigenhändig geschriebenen Etikett steht: „*Compsognathus longipes* Wagner. Neue Eidechsen Species aus dem lithographischen Schiefer im Altmühlthale bei Kelheim". Die Inventarnummer „AS I 563" wurde erst nach dem „Zweiten Weltkrieg" auf dem Etikett beigefügt.

Aber in einer Abhandlung des Paläontologen Friedrich von Huene von 1901 ist ein Foto von *Compsognathus longipes* zu sehen, auf dem das gedruckte Ausstellungs-Etikett gut zu erkennen ist. Darauf kann man als Fundort „Jachenhausen" lesen, das von Kelheim etwa 20 Kilometer entfernt ist.

Von einem Steinbruch bei Jachenhausen nahe Riedenburg stammt – wie erwähnt – ein 1855 geborgenes Fossil, das 1860 an das „Teylers Museum" in Haarlem (Niederlande) verkauft und mehrfach umgedeutet wurde. Hermann von Meyer deutete 1857 den Fund als Kurzschwanz-Flugsaurier *(Pterodactylus crassipes)* und Peter Wellnhofer 1966 als Langschwanz-Flugsaurier (*Scaphognathus crassipes*). John H. Ostrom betrachtete 1970 das Fossil als Urvogel *(Archaeopteryx lithographica)*. Oliver Walter Mischa Rauhut und Christian Foth identifizierten das Fossil als vogelähnlichen Raubdinosaurier und verliehen ihm 2017 den neuen Artnamen *Ostromia crassipes*.

Mit dem Fund von *Compsognathu*s lag erstmals in der Geschichte der Paläontologie überhaupt ein praktisch vollständiges Dinosaurierskelett vor, bis zu diesem Zeitpunkt waren überwiegend einzelne Knochen, Schädel und isolierte Zähne gefunden worden. Bis in unsere Tage hat *Compsognathus s*eine Stellung als einer der besterhaltenen Klein-Raubdinosaurier weltweit halten können. Die Steinplatte mit seinem Skelett ist im Lichthof der „Bayerischen Staatssammlung für Paläontologie und Geologie" in München ausgestellt.

*Raubdinosaurier Juravenator starki
aus einem Steinbruch bei Schamhaupten in Oberbayern.
Original im „Jura-Museum", Eichstätt.
Foto: Superikonoskop / CC-BY-SA3.0 (via Wikimedia Commons),
lizensiert unter Creative-Commons-Lizenz by-sa-3.0,
https://creativecommons.org/licenses/by-sa/3.0/legalcode*

Juravenator starki

Vom kleinen Raubdinosaurier *Juravenator starki* wurde 1998 von den Amateur-Paläontologen Klaus-Dieter Weiß und Hans Weiß (beide sind Brüder) in einem Steinbruch bei Schamhaupten nahe Eichstätt in Oberbayern ein nahezu vollständig erhaltenes Skelett entdeckt. Der spektakuläre Fund kam an einer vom Eichstätter „Jura-Museum" gepachteten Grabungsstelle im „Stark'schen Steinbruch" zum Vorschein. Laut Online-Lexikon „Wikipedia" wurde nie zuvor ein so gut erhaltener Raubdinosaurier in Europa gefunden. Es handelte sich um ein Jungtier mit einer Länge zwischen etwa 75 und 80 Zentimetern.

Juravenator war ein Zeitgenosse des kleinen Raubdinosauriers *Compsognathus longipes*, den man 1858 in einem Steinbruch von Kelheim oder bei Jachenhausen nahe Riedenburg in Niederbayern entdeckt hat Der Fund von *Juravenator* aus Schamhaupten stammt von einem Tier, das vermutlich bei einer Überschwemmung von einer Welle ins Wasser gerissen wurde und ertrank. Bei dem ungewöhnlich gut erhaltenen Fossil sind sogar Weichteile und Abdrücke der Haut mit kleinen Pusteln erkennbar.

Vor der wissenschaftlichen Erstbeschreibung wurde der Fund scherzhaft „Borsti" genannt. Dies geschah in der fälschlichen Annahme, dieser Dinosaurier habe möglicherweise Protofedern besessen. Anzeichen von Federn hat man bei der folgenden wissenschaftlichen Untersuchung nicht beobachtet. Wenn *Juravenator* tatsächlich keine Federn trug, sind nicht alle Coelurosaurier gefiederte Dinosaurier gewesen.

Den wissenschaftlichen Namen *Juravenator starki* haben 2006 die deutsche Paläontologin Ursula B. Göhlich und der ame-

rikanische Paläontologe Luis M. Chiappe geprägt. Der Gattungsname *Juravenator* („Jäger des Juragebirges") besteht aus dem Begriff Jura und dem lateinischen Wort venator (Jäger). Der Artname erinnert an die Familie Stark, die Besitzer des Steinbruches, im dem *Juravenator* gefunden wurde. Klaus-Dieter Weiß, einer der beiden Entdecker, bedauerte, dass dieses Fossil nicht *Juravenator weißstarki* genannt wurde, womit Steinbruchbesitzer und Entdecker gleichermaßen geehrt worden wären. Klaus-Dieter Weiß hatte für die Grabungen seinen ganzen fünfwöchigen Sommerurlaub geopfert und sich dabei sogar einige Rippen gebrochen. Sein Bruder Hans Weiß hatte sich bei den Grabungen auf die Hand geschlagen.

Fotos auf Seite 172:

Schädel (oben) und Teilansicht (unten) des Skelettes
des Raubdinosauriers Juravenator starki
aus einem Steinbruch bei Schamhaupten in Oberbayern
im „Jura-Museum", Eichstätt".
Fotos: Ghedoghedo / CC-BY-SA4.0 (via Wikimedia Commons),
lizensiert unter Creative-Commons-Lizenz by-sa-4.0,
https://creativecommons.org/licenses/by-sa/4.0/legalcode

*Wirbeltierpaläontologin Ursula Bettina Göhlich,
Erstbeschreiberin des Raubdinosauriers Juravenator starki.
Foto: A. Schumacher (Naturhistorisches Museum Wien)*

Ursula B. Göhlich

Ursula Bettina Göhlich, die Erstbeschreiberin des Raubdinosauriers *Juravenator starki,* kam 1967 in Landshut (Niederbayern) zur Welt. Der Schwerpunkt ihrer wissenschaftlichen Arbeit sind fossile Säugetiere, Vögel und Dinosaurier. Sie studierte Geologie an der „Ludwig-Maximilians-Universität München" und erwarb 1992 ihr Diplom. 1997 promovierte sie über Ur-Elefanten aus der miozänen Süßwassermolasse Bayerns. Ihr Doktorvater war der Münchener Paläontologe Volker Fahlbusch (1934–2008). 1997/1998 arbeitete sie beim damaligen Geologischen Landesamt Bayerns (seit 2005 „Bayerisches Landesamt für Umwelt"). Ab 1999 wirkte sie wieder an der „Ludwig-Maximilians-Universität München", wo sie damals erste Vorlesungen hielt.
2002 und 2004/2005 (als Humboldt-Stipendiatin) war Ursula B. Göhlich als Post-Doktorandin an der „Universität Lyon" bei der französischen Paläornithologin Cécile Mourer-Chauviré und 2003 am „Naturhistorischen Museum" von Los Angeles (Kalifornien) bei Luis M. Chiappe. In den USA nahm sie an Ausgrabungen des Raubdinosauriers *Tyrannosaurus* und des Horndinosauriers *Triceratops* teil.
Seit 2007 ist Ursula B. Göhlich Kuratorin für Wirbeltierpaläontologie am „Naturhistorischen Museum Wien". 2011 erfolgte ihre Habilitation in München. Göhlich untersuchte fossile Rüsseltiere wie *Gomphotherium* (Funde in Gweng bei Mühldorf und Sandelzhausen in Bayern), *Deinotherium* und *Archaeobelodon* aus dem Miozän europäischer Fundstellen. Gemeinsam mit dem Frankfurter Paläornithologen und Ornithologen Gerald Mayr beschrieb sie 2004 den miozänen Papagei *Bavaripsitta ballmanni* aus dem Nördlinger Ries. Zu-

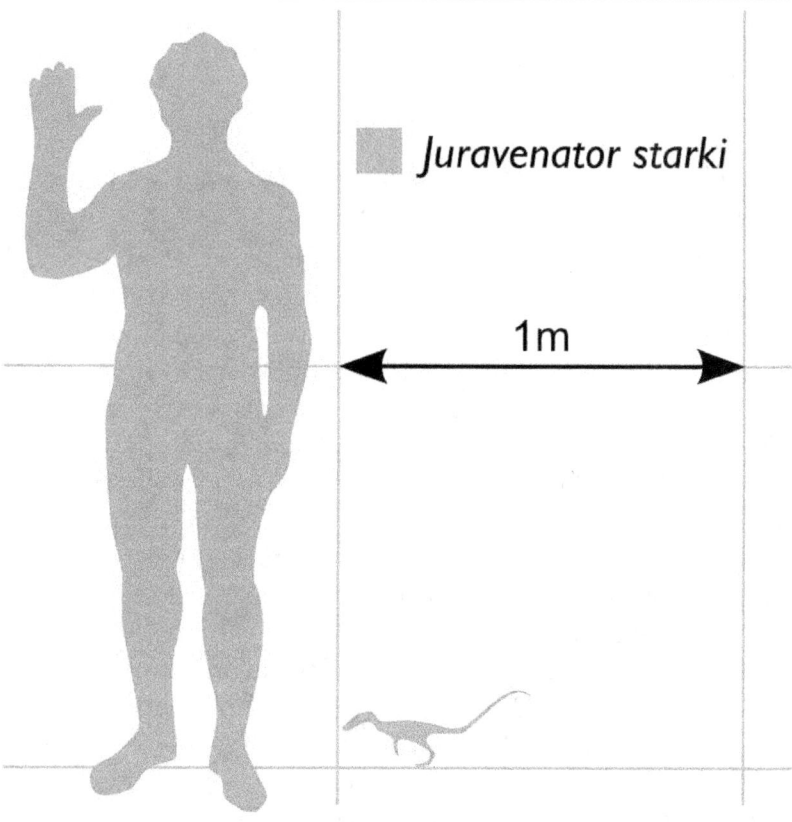

Größenvergleich zwischen heutigem Menschen und Raubdinosaurier Juravenator starki aus der Oberjurazeit. Zeichnung: Dinoguy2, modifiziert von Serenthia / CC-BY-SA2.5 (via Wikimedia Commons), lizensiert unter Creative-Commons-Lizenz by-sa-2.5, https://creativecommons.org/licenses/by-sa/2.5/legalcode

sammen mit Luis M. Chiappe beschrieb sie 2006 den 1998 gefundenen kleinen Raubdinosaurier *Juravenator starki* von Schamhaupten aus der Oberjurazeit. Mit Cécile Mourer-Chauvirée untersuchte sie Fasanenartige aus dem Miozän von Saint-Gérand-le-Puy (Allier, Frankreich). Außerdem befasste sich sie mit Vögeln aus dem Miozän bei Gratkorn in der Steiermark und von Sandelzhausen in Bayern, unter anderem mit dem 2003 beschriebenen Kranich *Palaeogrus mainburgensi* aus dem Miozän. Zusammen mit dem Paläornithologen Peter Ballmann beschrieb sie die neue fossile Schleiereulenart *Miotyto montispetrosi* aus dem Miozän des Nördlinger Ries.

2017 publizierte Göhlich einen Sammlungs-Katalog der fossilen Vögel an der „Bayerischen Staatssammlung für Paläontologie und Geologie" in München. 2012 nahm sie an einer Expedition in der Wüste Gobi teil, auf der Suche nach fossilen Säugetieren. Seit 2013 gehört sie dem wissenschaftlichen Beirat der Grube Messel an und ist seit 2016 Vizepräsidentin der „Society of Avian Paleontology".

Lebendrekonstruktion von Juravenator starki.
Zeichnung: Nobu Tamura / http://spinops.blogspot.com /
CC-BY2.5 (via Wikimedia Commons),
lizensiert unter Creative-Commons-Lizenz by-2.5,
https://creativecommons.org/licenses/by/2.5/legalcode

Argentinischer Paläontologe Luis M. Chiappe,
einer der Erstbeschreiber von Juravenator starki, 2009 im Gelände.
Foto: TW Hayden / CC-BY-SA4.0 (via Wikimedia Commons),
lizensiert unter Creative-Commons-Lizenz by-sa-4.0-en,
https://creativecommons.org/licenses/by-sa/4.0/legalcode

Luis M. Chiappe

Der argentinische Paläontologe Luis M. Chiappe, einer der Erstbeschreiber von *Juravenator starki,* wurde am 18. Juli 1962 in Buenos Aires. geboren. Sein Fachgebiet sind fossile Wirbeltiere. In den 1990er Jahren arbeitete Chiappe am „American Museum of Natural History" in New York City. Er wurde Kurator und Direktor des „Dinosaur Institute" des „Natural History Museum of Los Angeles County" und „Adjunct Professor" an der „University of Southern California".
Chiappe befasst sich vor allem mit fossilen Archosauriern und der Evolution der Vögel. Außer in den USA nahm er an paläontologischen Feldarbeiten in Argentinien, der Mongolei, China und Kasachstan teil. Er glaubte nicht an eine explosionsähnliche Diversifikation und Entstehung der modernen Vögel nach dem Aussterben der Vögel an der Wende von der Kreidezeit zum Paläogen vor ungefähr 65 Millionen Jahren und vermutete eine sehr viel frühere Diversifikation.
In den 1990er Jahren entdeckte Chiappe neue Arten von *Enantiornithes* wie *Neuquenornis volans* (1993) aus dem Erdmittelalter von Argentinien. Er gehörte zu den Erstbeschreibern von *Mononykus* (1993) und *Shuvuuia* (1998) aus der Mongolei und *Juravenator* (2006) in Bayern.
Zusammen mit Lowell Dingus und Rodolfo Coria entdeckte Chiappe 1997/1999 eine Fundstelle von Elefantenfußdinosauriern in Patagonien mit gut erhaltenen fossilen Eiern und Embryos. Er erhielt ein Guggenheim-Stipendium und einen Humboldt-Forschungspreis, mit dem er 2005 in München forschte. 2016 wählte man ihn zum Präsidenten der „Society of Avian Paleontology and Evolution" („SAPE").

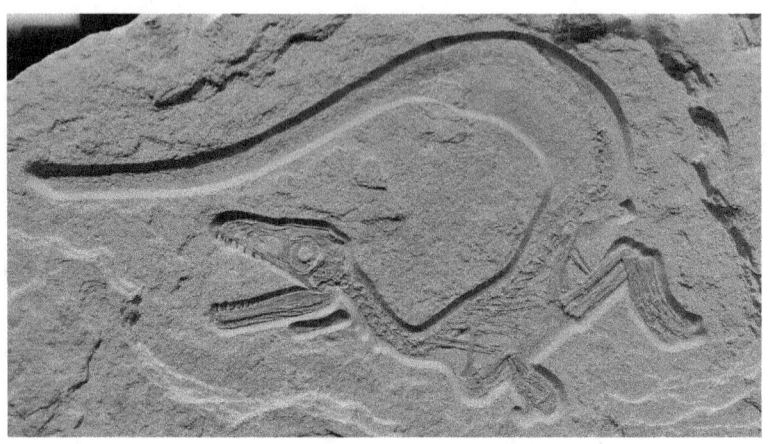

Skelett des Raubdinosauriers Sciurumimus albersdoerferi aus dem Kalkwerk Rygol bei Painten unweit von Riedenburg (Kreis Kelheim) in Niederbayern.
Original im „Bürgermeister-Müller-Museum", Solnhofen.
Foto: Ghedoghedo / CC-BY-SA4.0 (via Wikimedia Commons), lizensiert unter Creative-Commons-Lizenz by sa-4.0, https://creativecommons.org/licenses/by-sa/4.0/legalcode

Sciurumimus albersdoerferi

Der Raubdinosaurier *Sciurumimus albersdoerferi* ist seit 2012 bekannt. Dabei handelt es sich um das ungewöhnlich gut erhaltene Skelett eines offenbar frisch geschlüpften Jungtieres. Das Fossil wurde 2009 oder 2010 von Joseph Schels und Wolfgang Häckel im Steinbruch des Kalkwerks Rygol bei Painten unweit von Riedenburg (Kreis Kelheim) in Niederbayern entdeckt und ausgegraben. Finanziert wurden diese Ausgrabungen durch den Geologen und Fossilienhändler Raimund Albersdörfer aus Schnaittach in Mittelfranken. Dessen Ehefrau Birgit Albersdörfer ist Eigentümerin des Fossils, meldete es als Kulturgut an und überließ es dem „Bürgermeister-Müller-Museum" in Solnhofen als Dauerleihgabe.

Sciurumimus wurde im Kelheimer Kalkstein entdeckt. Dieser gehört zur Beckeri-Zone der Stufe Kimmeridgium des Oberjura. Demzufolge ist der Fund etwa 151 Millionen Jahre alt. Die meisten Hörer des Rundfunksenders „Bayern 3" entschieden, der kleine Raubdinosaurier solle den von Angelika Mandlik, der 2. Bürgermeisterin in Elsendorf (Kreis Kelheim), vorgeschlagenen Namen „*Xaveropterus*" erhalten. Weniger Stimmen erhielten die Vorschläge „*Bavaria rex*", „*Kelsaurus rex*", „*Fossi*" und „*Bamdino*".

Die Erstbeschreibung erfolgte 2012 durch Oliver Walter Mischa Rauhut, Christian Foth, Helmut Tischlinger und Mark A. Norell in der Fachzeitschrift „Proceedings" der „US-Akademie der Wissenschaften" („PNAS"). Wegen des buschigen Schwanzes des Tieres bezeichneten sie die Gattung als *Sciurumimus* (Sciurus = Eichhörnchen, mimus = Nachahmer). Zu deutsch: „der ein Eichhörnchen Mimende". Mit dem Artnamen *albersdoerferi* ehrte man Raimund Albersdörfer, den Finanzier

Bezahnter Schädel des Raubdinosauriers Sciurumimus albersdoerferi aus dem Kalkwerk Rygol bei Painten unweit von Riedenburg (Kreis Kelheim) in Niederbayern.
Foto: Ghedoghedo / CC-BY--SA3.0 (via Wikimedia Commons), lizensiert unter Creative-Commons-Lizenz by sa-3.0, https://creativecommons.org/licenses/by-sa/3.0/legalcode

der Forschungsarbeiten. Der buschige Schwanz brachte dem Raubdinosaurier den Scherznamen „Paintener Eichhörnchen" ein.

Sciurumimus albersdoerferi dürfte ein frisch geschlüpftes Jungtier eines zweibeinig auf den Hinterbeinen gehenden Raubdinosauriers gewesen sein. Dieses Jungtier ist 72 Zentimeter lang und trägt einen etwa acht Zentimeter langen Schädel. Erwachsene Tiere dieser Art könnten mehr als fünf Meter lang gewesen sein. Vom Raubdinosaurier *Allosaurus („Andersartige Echse"),* der erwachsen bis zu zwölf Meter Länge erreichte, kennt man 42 Zentimeter lange Jungtiere.

Sciurumimus besaß einen relativ großen Kopf mit sehr weiten Nasenöffnungen. Wie bei anderen Raubdinosauriern waren seine Augen im Vergleich zu erwachsenen Tieren sehr groß. Experten vermuten schon länger, dass sich die Gesichtszüge und die Lebensweise im Laufe eines Dinosaurier-Lebens geändert haben, was man als „Kindchenschema" bezeichnet. Im Oberkiefer von *Sciurumimus* befanden sich drei Dutzend stark nach hinten ausgerichtete Zähne, die rückseitig gezackt sind. Andere Raubdinosaurier aus der Verwandtschaftsgruppe der Tetanurae („starre Schwänze"), zu denen *Sciurumimus* gerechnet wird, trugen dagegen beidseitig gezackte Zähne. Womöglich hatten die Jungtiere von *Sciurumimus* eine andere Nahrung als erwachsene Tiere. In einem bestimmten Stadium der Entwicklung könnte ein Zahnwechsel erfolgt sein, bei dem die nur einseitig gezackten Zähne gegen beidseitig gezackte ausgetauscht wurden.

Wegen seiner Skelettmerkmale betrachtet man *Sciurumimus* als sehr ursprünglichen Vertreter der Megalosauroidea, zu denen der Raubdinosaurier *Megalosaurus („Große Echse")* gehört. Die Vorderbeine sind kurz und kräftig und tragen drei lange Zehenglieder und Krallen. Die Hinterbeine ohne Füße haben eine Länge von etwa elf Zentimetern und erlaubten eine rasche

Fortbewegung auf zwei Beinen. Der lange Schwanz wird aus 59 Wirbeln gebildet. Besonders bemerkenswert sind feine Abdrücke und Reste eines Federflaums, der offenbar den Körper des Tieres bedeckte. „Unter UV-Licht haben wir Reste der Haut und des Federkleides als leuchtende Flecken und Fasern an dem Skelett erkannt", erklärte der Experte Helmut Tischlinger aus Stammham. Der Flaum von *Sciurumimus* besteht aus 0.2 Millimeter dicken, haarartigen Federn und ist am Schwanz besonders stark ausgeprägt. Dank langer und dichter Filamentstrukturen hatte *Sciurumimus* eine fellartige Oberfläche und ein buschiges Erscheinungsbild.
Die Entdeckung des flauschigen Dinosauriers *Sciurumimus* gilt als wissenschaftliche Sensation. Das Fossil ist zu 98 Prozent überliefert. Deswegen gilt *Sciurumimus* als vermutlich am besten erhaltener Raubdinosaurier in Europa. „Sein Gefieder könnte darauf hindeuten, dass alle Raubsaurier befiedert waren – und möglicherweise nicht nur sie", erklärte der an der „Ludwig-Maximilians-Universität München" lehrende und an der „Bayerischen Staatssammlung für Paläontologie und Geologie" tätige Paläontologe Oliver Walter Mischa Rauhut. Die Daunenfedern von *Sciurumimus* ähneln der haarähnlichen Körperbedeckung der Flugsaurier. Dies nährt die Annahme, nicht nur Flugsaurier und Raubdinosaurier seien befiedert gewesen, sondern alle Dinosaurier könnten ein wärmendes Federkleid getragen haben. „Dann aber müsste das Bild der reptilischen Riesen im Schuppenpanzer endgültig ad acta gelegt werden", meinte Rauhut.
Die Federn dienten Dinosauriern nicht zum Fliegen, sondern als Wärmeschutz. Eine solche Körperbedeckung macht laut Rauhut nur dann Sinn, wenn Dinosaurier in gewissem Maße die Möglichkeit hatten, ihre Körpertemperatur zu regeln. Auf diese Weise seien sie eine Art Warmblüter gewesen. Damit waren sie unabhängiger von der Temperatur ihrer Umgebung,

aber auch anfälliger für Futterknappheit, weil Warmblütler mehr Energie brauchen

Im „Bürgermeister-Müller-Museum" in Solnhofen ist *Sciurumimus* (Inventarnummer: BMMS BK 11) eine Attraktion ersten Ranges. Martin Röper, der Leiter dieses Museums, wertet das Raubdinosaurier-Baby als wichtigstes Ausstellungsstück noch vor den beiden Urvögeln der Gattung *Archaeopteryx* in der Ausstellung. Jungtiere von Dinosauriern sind sehr seltene Funde. Einerseits wurden sie oft Jagdbeute von Raubdinosauriern, andererseits zerfallen kleine Knochen leichter als große. *Sciurumimus* war nach *Compsognathus* und *Juravenator* der dritte aus Bayern bekannte Raubdinosaurier aus der Oberjurazeit. 2017 kam mit *Ostromia* ein vierter Raubdinosaurier hinzu.

Raubdinosaurier Sciurumimus albersdoerferi am Meeresstrand.
Zeichnung: Emily Willoughby / http://www.emilywilloughby.com /
CC-BY-SA4.0 (via Wikimedia Commons),
lizensiert unter Creative-Commons-Lizenz by-sa-4.0,
https://creativecommons.org/licenses/by-sa/4.0/legalcode

Dr. h. c. rer. nat. Helmut Tischlinger,
einer der Erstbeschreiber von Sciurumimus albersdoerferi,
Alcmonavis poeschli und eines Urvogels
der Gattung Archaeopteryx („Daitinger Exemplar").
Foto: Dr. h. c. rer. nat. Helmut Tischlinger, Privatarchiv

Helmut Tischlinger

Dr. h. c. rer. nat. Helmut Tischlinger, geboren 1946 in Ingolstadt, einer der Erstbeschreiber von *Sciurumimus albersdoerferi, Alcmonavis poeschli* und eines Urvogels der Gattung *Archaeopteryx* („Daitinger Exemplar") ist ein anerkannter Naturforscher, seit 1970 ehrenamtlicher Mitarbeiter des „Jura-Museums" in Eichstätt, Autor und Fotograf. Hauptberuflich unterrichtete er bis 2006 als Lehrer im Kreis Eichstätt. Als Paläontologe erforscht er die Fossilien der Solnhofener Plattenkalke aus der Oberjurazeit und befasst sich mit der Geologie der Südlichen Frankenalb. Schwerpunkte seiner Arbeit sind die Urvögel, Flugsaurier und Raubdinosaurier aus dem süddeutschen Oberjura sowie Flugsaurier, gefiederte Dinosaurier und Vogelverwandte aus dem Jura und der Kreide von China. Außerdem beschäftigt er sich mit den klassischen Fundstellen Burgess Shale (Kanada) aus dem Kambrium und Monte Bolca (Italien) aus dem Eozän.

Wegen seinen wissenschaftlich wertvollen Fotografien von Fossilien – auch im UV-Wellenlängenbereich – genießt Tischlinger international einen sehr guten Ruf., was ihm den Titel „King of UV" bescherte. 20 Jahre lang hat er eine Fototechnik entwickelt, bei der er ultraviolettes Licht einsetzt, um Strukturen deutlich zu machen, die bei Normallicht weitgehend unsichtbar sind. Auf seinen Bildern sind sogar Reste von Schuppen, Haut und Federn erkennbar. Fast alle Funde des Urvogels *Archaeopteryx* sind von ihm fotografiert und dokumentiert worden.

Der in Stammham (Kreis Eichstätt) wohnende Naturforscher ist Co-Autor zahlreicher Wanderführer und des zweibändigen Prachtwerkes „Solnhofen – Ein Fenster in die Jurazeit" (2015)

Teilweise unkorrektes Lebensbild des Raubdinosauriers Sciurumimus albersdoerferi.
Zeichnung: ArkadyRose/CC-BY-SA3.0 (via Wikimedia Commons), lizensiert unter Creative Commons-Lizenz by-sa-3.0-de, https://creativecommons.org/licenses/by-sa/3.0/legalcode

sowie Verfasser zahlreicher wissenschaftlicher Abhandlungen in paläontologischen Zeitschriften des In- und Auslandes. 2007 zeichnete ihn die „Fakultät für Geowissenschaften der „Ludwig-Maximilians-Universität München" mit der Ehrendoktorwürde (Dr. h. c. rer. nat.) aus. 2013 erhielt er die Zittel-Medaille der „Paläontologischen Gesellschaft". Die „Freunde des Jura-Museums Eichstätt e. V." ernannten ihn 2017 zum Ehrenmitglied.

Bezahnter Kopf des Urvogels Archaeopteryx.
Zeichnung des dänischen Künstlers, Amateur-Ornithologen
und Paläontologen Gerhard Heilmann (1859–1946),
der 1926 das Buch „The Origin of Birds" über den Ursprung
der Vögel veröffentlichte

*Amerikanischer Paläontologe Mark Allen Norell,
Leiter der Abteilung Paläontologie
des „American Museum of Natural History" in New York City,
bei der achten „Solnhofener Museumsnacht"
im November 2014 im „Bürgermeister-Müller-Museum"
in Solnhofen (Mittelfranken).
Foto: Jürgen Leykamm, Weißenburg, www.leykamm.de*

Mark Norell

Mark Allen Norell, einer der Erstbeschreiber des Raubdinosauriers *Sciurumimus albersdoerferi,* ist ein amerikanischer Wirbeltierpaläontologe. Er wurde am 26. Juli 1957 in Saint Paul (Minnesota) geboren und studierte an der „California State University" in Long Beach (Bachelor-Abschluss 1980) und an der „San Diego State University" (Master-Abschluss 1983). 1988 promovierte er an der „Yale University". Ab 1989 war er Assistant Curator, ab 1994 Associate Curator und ab 1999 Kurator in der Abteilung Paläontologie des „American Museum of Natural History" („AMNH") in New York City. Norell leitete Expeditionen in die Wüste Gobi, nach Patagonien, in die chilenischen Anden, nach Kuba, in die Sahara, nach Westafrika und Nordchina. Er befasst sich vor allem mit der Phylogenie der Raubtierfußdinosaurier (Theropoden) und der Abstammung der Vögel. Zusammen mit Luis M. Chiappe und James Matthew Clark entdeckte, untersuchte und beschrieb er den kleinen gefiederten Raubdinosaurier *Shuvuuia* aus der Mongolei. Als Autor war er auch an den Erstbeschreibungen des oberkreidezeitlichen modernen Vogels *Apsaravis* (2001) sowie der Raubdinosaurier *Mononykus* (1993), *Citipati* (2001) und *Mahakala* (2007) aus der Mongolei beteiligt. Gemeinsam mit dem Paläontologen Xing Xu beschrieb er 2004 den in Liaoning in China entdeckten 1,50 Meter langen Tyrannosaurier *Dilong paradoxus* aus der Unterkreidezeit, der Federn besaß. Deshalb vermutete Norell auch bei späteren Nachfahren wie *Tyrannosaurus rex* aus der Oberkreidezeit zumindest bei Jungtieren Federn und später eine Restbefiederung mit daunenartigen Federn. Die „New York Times" ernannte ihn 1998 zum „New York City Leader of the Year".

Skelettrekonstruktionen von Archaeopteryx in unterschiedlicher Größe von oben nach unten: Solnhofener Exemplar, Berliner Exemplar, Maxberg-Exemplar, Thermopolis-Exemplar, Londoner Exemplar, Münchener Exemplar, Eichstätter Exemplar. Zeichnung: Jaime A. Headden (User Qilong), http://qilong.deviantart.com/art/The-Many-Archaeopteryx-24468274 / CC-BY3.0 (via Wikimedia Commons), lizensiert unter Creative-Commons-Lizenz by-3.0, https://creativecommons.org/licenses/by/3.0/legalcode

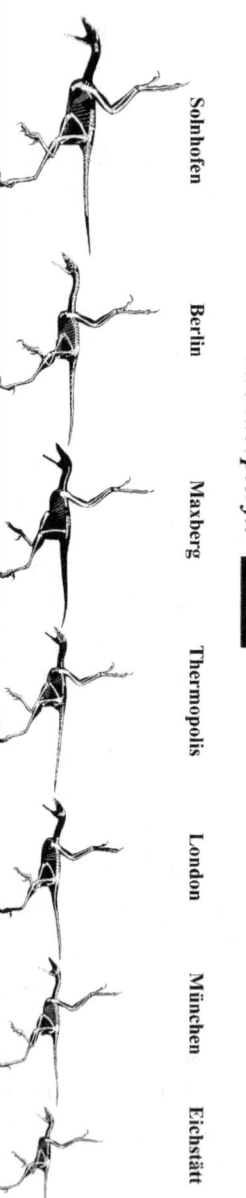

14. Exemplar: Chicago-*Archaeopteryx*

Das Naturkundemuseum Field Museum of Natural History in Chicago (USA) wartete im Mai 2024 mit der sensationellen Nachricht auf, es habe ein hervorragend erhaltenes Exemplar von *Archaeopteryx* erworben. Es handle sich um einen Fund aus Süddeutschland vor 1990. Das Fossil befand sich nach der Entdeckung im Besitz mehrerer privater Sammler. Der wohl in Bayern liegende Fundort und der Name des oder der Entdecker wurden nicht erwähnt. Seit 2015 schreibt ein deutsches Gesetz vor, dass neu entdeckte *Archaeopteryx*-Exemplare in Deutschland bleiben müssen. Vor dem Verbot des Exports von *Archaeopteryx*-Exemplaren wurde der Fund aus der Zeit vor 1990 in die Schweiz verkauft. Um 2018 begutachtete der Museumskurator Helge Thorsten Lumbsch vom Field Museum in Chicago in einer Privatsammlung in der Schweiz den Sensationsfund. Nach mehrjährigen Verhandlungen mit der Chicagoer Museums-Paläontologin Jingmai O'Connor erwarb das Field Museum das *Archaeopteryx*-Fossil (heute Chicago-*Archaeopteryx* genannt). Der Kaufpreis ist unbekannt. Die Museumspräparatoren Akiko Shinya und Connie Van Beek präparierten die Neuerwerbung zwei Jahre lang, bevor sie im Mai 2024 enthüllt wurde. Der Schädel, die Wirbelsäule und Weichteile sind hervorragend erhalten.

Das Field Museum ist nach dem amerikanischen Unternehmer Marshall Field (1834–1906) benannt, der die Kaufhauskette Marshall Field and Company gründete. Nach seinem Tod hinterließ er eine Stiftung über 8.000.000 US-

Dollar für das später nach ihm bezeichnete Naturkundemuseum Field Museum of Natural History in Chicago.
Das Field Museum of Natural History (kurz: FMNH) gehört – laut Online-Lexikon „Wikipedia" – zu den am besten besuchten kulturellen Einrichtungen der USA. Mit rund 85.000 Quadratmetern auf fünf Ebenen, mehr als 500 fest angestellten und ebenso vielen ehrenamtlichen Mitarbeitern und Mitarbeiterinnen sowie einem Jahresetat von mehr als 50 Millionen US-Dollar handelt es sich um eines der größten Museen der Welt. Eine komplette Besichtigung an einem Tag – gilt „Wikipedia" zufolge" – als schwer möglich.

Dinosaurier in Deutschland

1834: Entdeckung des ersten Dinosauriers *(Plateosaurus engelhardti)* in Franken
1837: Hermann von Meyer beschreibt *Plateosaurus engelhardti* aus Franken
um 1840: Wilhelm Dunker entdeckt bei Obernkirchen (Niedersachsen) einen Zahn des Leguanzahndinosauriers *Iguanodon*
1857: Hermann von Meyer beschreibt *Stenopelix valdensis* aus den Bückebergen (Niedersachsen)
1859: Andreas Wagner beschreibt *Compsognathus longipes* aus Kelheim oder Jachenhausen bei Riedenburg (Bayern)
1861: Hermann von Meyer bezeichnet eine 1860 in Solnhofen entdeckte Feder als *Archaeopteryx lithographica.*
1861 findet man bei Langenaltheim das erste Skelettexemplar eines Urvogels, den man ebenfalls *Archaeopteryx* zurechnet. *Archaeopteryx* gilt heute als Raubdinosaurier.
1879–1881: Erste Fährtenfunde in den Bückebergen und den Rehburger Bergen (Niedersachsen)
1904: Erste Knochenfunde in Trossingen (Baden-Württemberg)
1908: Friedrich von Huene beschreibt *Sellosaurus gracilis* (heute: *Plateosaurus gracilis)* und *Halticosaurus longotarsus* (heute: *Liliensternus liliensterni)*
1909: *Procompsognathus* wird am Nordhang des Stromberges bei Pfaffenhofen (Baden-Württemberg) entdeckt;
der Schüler Hermann Weiß entdeckt Plateosaurierknochen in Trossingen;
erste Dinosaurierskelettfunde in Halberstadt (Sachsen-Anhalt)

1910: Die Grabungen in Halberstadt beginnen
1911: Wichtige Fährtenfunde im Keuper Württembergs
1911–1912: Erste Trossinger Grabung
1913: Eberhard Fraas beschreibt *Procompsognathus triassicus* vom Nordhang des Stromberges bei Pfaffenhofen (Baden-Württemberg)
1921: Die Barkhausener Dinosaurierfährten (Niedersachsen) werden entdeckt
1921–1923: Zweite Trossinger Grabung
1932: Dritte Trossinger Grabung. Bei insgesamt sechs Grabungen werden Reste von fast 100 Plateosauriern geborgen
1932/1933: Hugo Rühle von Lilienstern gräbt am Großen Gleichberg in Thüringen zwei Skelette von *Plateosaurus* und zwei weitere von *Liliensternus* (früher *Halticosaurus*) aus
1934: Willi Weiss entdeckt in Franken die Fährte *Coelurosaurichnus schlauersbachensis*
1948: Die Fährte *Coelurosaurichnus (Dinosaurichnium) moeni* wird beschrieben
1950: Karl Beurlen beschreibt die Fährte *Coelurosaurichnus kehli;*
Kurt Rehnelt beschreibt die Fährten *Coelurosaurichnus schlehenbergensis* und *Coelurosaurichnus kronbergeri;*
1952: Florian Heller beschreibt die Fährte *Coelurosaurichnus metzneri,,*die ab 1986 der Fährtengattung *Atreipus* zugerechnet wird
1958: Oskar Kuhn beschreibt zwei Dinosaurierfährten aus Franken: *Coelurosaurichnus ziegelangerensis* und *Coelurosaurichnus sassendorfensis*
1963: *Emausaurus* wird in einer Tongrube bei Greifswald (Mecklenburg-Vorpommern) entdeckt
1975: Erste Dinosaurierknochen aus Nehden bei Brilon (Nordrhein-Westfalen) tauchen auf

1978: Rupert Wild beschreibt *Ohmdenosaurus liasicus* aus der Gegend von Ohmden (Baden-Württemberg)
1979: Die Münchehagener Dinosaurierfährten werden entdeckt
1979–1982: Ausgrabungen in Nehden mit großartigen Funden der Leguanzahndinosaurier *Iguanodon atherfieldensis* und *Iguanodon bernissartensis*
1982: Im Wiehengebirge (Nordrhein-Westfalen) wird ein vermeintliches Schwanzstachelfragment des Stegosauriers *Lexovisaurus* entdeckt, das 2010 als Rest des Riesenfisches *Leedsichthys* identifiziert wird;
Kurt Rehnelt beschreibt die Fährte *Coelurosaurichnus arntzeniusi*
1988: Im Stromberg bei Pfaffenhofen (Baden-Württemberg) kommt die Fährte eines *Procompsognathu*s ähnelnden Raubdinosauriers samt Hautabdruck zum Vorschein
1989: In Baden-Württemberg wird anhand einer Fährte ein weiterer Raubtierfußdinosaurier (Theropode) nachgewiesen, der *Syntarsus* gleicht
1990: Der gepanzerte Dinosaurier *Emausaurus ernsti* aus einer Tongrube bei Greifswald (Mecklenburg-Vorpommern) wird von Hartmut Haubold beschrieben
1991: Neue Fährtenfunde eines großen Raubtierfußdinosauriers (Theropoden) in Baden-Württemberg
2004: Bei Grabungen in einem Steinbruch bei Balve im Hönnetal im nördlichen Sauerland (Nordrhein-Westfalen) werden Knochen und Zähne von einigen Dinosauriergattungen geborgen
2004: In Münchehagen (Niedersachsen) werden nahe der 1979 entdeckten alten Fundstelle weitere Dinosaurierfährten gefunden
2006: P. Martin Sander, Octávio Mateus, Thomas Laven und Nils Knötschke beschreiben den Elefantenfußdinosaurier

Europasaurus holgeri aus dem Kalksteinbruch Langenberg bei Göttingerode (Niedersachsen). Der Artname erinnert an den Entdecker Holger Lüdtke

2006: Ursula B. Göhlich und Luis M. Chiappe beschreiben den 1998 in Schamhaupten bei Eichstätt (Bayern) entdeckten Raubdinosaurier *Juravenator starki*

2007: Die Dinosaurierfährten von Obernkirchen (Niedersachsen) werden entdeckt

2012: Oliver Walter Mischa Rauhut, Christian Foth, Helmut Tischlinger und Mark A. Norell beschreiben den 2009 oder 2010 bei Painten unweit von Kelheim (Bayern) ausgegrabenen Raubdinosaurier *Sciurumimus albersdoerferi*

2016: Oliver Walter Mischa Rauhut, Tom R. Hübner und Klaus-Peter Lanser beschreiben den 1998 von dem Geologen Friedrich Albat im Wiehengebirge bei Minden (Nordrhein-Westfalen) entdeckten Raubdinosaurier *Wiehenvenator albati*

2017: Oliver Walter Mischa Rauhut und Christian Foth identifizieren ein 1855 bei Jachenhausen nahe Riedenburg (Bayern) geborgenes Fossil als Raubdinosaurier und nennen es *Ostromia crassipes*. Vorher galt dieser Fund, der im „Teylers Museum" in Haarlem (Niederlande) aufbewahrt wird, als Urvogel.

2022: Ingmar Werneburg und Omar Rafael Regalado Fernandez beschreiben eine 1922 von Friedrich von Huene bei Trossingen entdeckte, *Plateosaurus* zugeschriebene und in der Paläontologischen Sammlung der Universität Tübingen aufbewahrte Hüfte als neue Gattung und Art namens *Tuebingosaurus maierfritzorum*.

Mai 2024: Das Field Museum of Natural History in Chicago (USA) berichtet, es habe 2022 ein vor 1990 in Süddeutschland gefundenes Exemplar von *Archaeopteryx* erworben.

Literatur

ABEL, Othenio (1927): Am Strande von Solnhofen in Bayern in der Oberjurazeit. In: Lebensbilder aus der Tierwelt der Vorzeit, 2. Auflage, S. 505–585, Gustav Fischer, Jena.
ALAOUI SOULIMANI, Andrea (2001): Naturkunde unter dem Einfluss christlicher Religion – Johannes Andreas Wagner (1797–1861): Ein Leben für die Naturkunde in einer Zeit der Wandlungen in Methode, Theorie und Weltanschauung, Shaker-Verlag, Marburg.
ARRATIA, Gloria / SCHULTZE, Hans-Peter / TISCHLINGER, Helmut / VIOHL, Günter (Herausgeber, 2015): Solnhofen – Ein Fenster in die Jurazeit. 2 Bände im Schuber; 620 S., 1093 Abbildungen), Pfeil-Verlag, München.
BEER, Gavin Rylands de (1954): *Archaeopteryx lithographica*, a study based upon the British Museum specimen. In: *British Museum (Natural History) London*, S. 1–68.
BIDAR, Alain / DEMAY, Louis / THOMEL, Gérard (1972): *Compsognathus corallestris*, nouvelle espèce de dinosaurien théropode du Portlandien de Canjuers. In: *Annales du musée d'Histoire Naturelle Nice*, I (1), S. 3–24.
BIELOHLAWEK-HÜBEL, Gerold (Herausgeber, 2004): Wer fand den Urvogel? Die Geschichte des Archaeopteryx aus dem Altmühljura, Forum-Verlag, Riedstadt-Goddelau.
BIELOHLAWEK-HÜBEL, Gerold (2004): Dr. Carl Häberlein, der Landarzt, der den ersten Urvogel besaß (1787–1871). In: BIELOHLAWEK-HÜBEL, Gerold (Herausgeber): Wer fand den Urvogel?, S. 130–131, Forum-Verlag, Riedstadt-Goddelau.
BIELOHLAWEK-HÜBEL, Gerold (2004): Ernst

Häberlein, der Besitzer und Bearbeiter des zweiten Urvogels. In: BIELOHLAWEK-HÜBEL, Gerold (Herausgeber): Wer fand den Urvogel?, S. 132–133, Forum-Verlag, Riedstadt-Goddelau.
BOLLEN, Ludger (2008): Der Flug des Archaeopteryx – Auf der Suche nach dem Ursprung der Vögel, Quelle & Meyer Verlag, Wiebelsheim.
CASTER, Kenneth E. (1940): Die sogenannten Wirbeltierspuren und die *Limulus*-Fährten der Solnhofener Plattenkalke. In: *Paläontologische Zeitschrift,* **22,** S. 12–29, Berlin.
CHAMBERS, Paul (2003): Die Archaeopteryx-Saga. Das Rätsel des Urvogels, Piper, Frankfurt am Main.
COPE, Edward Drinker (1867): Account of extinct reptiles which approach birds. In: *Proceedings of the Academy of Natural Science*s, Philadelphia, S. 234–235.
DABER, Rudolf / HELMS, Jochen (1986): Das große Fossilienbuch, Leipzig.
DAMES, Wilhelm D. (1884): Über *Archaeopteryx.* In: *Palaeontologische Abhandlungen,* Band II, S. 119–198, Berlin.
DINODATA.DE: *Juravenator starki* dinodata.de/animals/dinosaurs/pages_j/juravenator.php
ELDERSCH, Tom (2018): Bundesverdienstkreuz. Hohe Auszeichnung für einen Fürstenfeldbrucker: Ein Forscherleben für den Urvogel. In: *Münchner Merkur,* 18. Juni 2018, München.
ELZANOWSKI, Andrzej (2001): A new genus and species for the largest specimen of *Archaeopteryx.* In: *Acta Palaeontologica Polonica,* **46,** Nr. 4, S. 519–532, Warschau.
FOTH, Christian / TISCHLINGER, Helmut / RAUHUT, Oliver Walter Mischa (2014): New specimen of *Archaeopteryx* provides insights into the evolution of pennaceous feathers. In: *Nature* 511: S. 79–82, London.

FOTH, Christian / RAUHUT, Oliver Walter Mischa (2015): Des Kaisers neue Kleider: Neues vom Urvogel *Archaeopteryx*. In: *Freunde der Bayerischen Staatssammlung für Paläontologie und Historische Geologie München e. V. Jahresbericht 2014 und Mitteilungen* **43**, S. 65–75, München.
FOTH, Christian / RAUHUT, Oliver Walter Mischa / TISCHLINGER, Helmut (2015): Als die Federn fliegen lernten – Erkenntnisse vom 11. Exemplar des *Archaeopteryx*. In: *Spektrum der Wissenschaft*, April 2015: S. 28–33, Heidelberg.
FOTH, Christian / RAUHUT, Oliver Walter Mischa (2017): Re-evaluation of the Haarlem *Archaeopteryx* and the radiation of maniraptoran theropod dinosaurs. In: *BMC Evolutionary Biology* **17**: S. 236.
FREY, Eberhard / ROTH, Tina / TISCHLINGER, Helmut (2013): Vom Raubsaurier zum Federvieh – die Evolution der Vögel. In: FREY, Eberhard / LENZ, Norbert (Herausgeber): Bodenlos – durch die Luft und unter Wasser In: *Karlsruher Naturhefte* **5**: S. 108–145 (Karlsruhe).
FRICKHINGER, Karl Albert (1994): Die Fossilien von Solnhofen, Band 1, Goldschneck-Verlag, Korb.
FRICKHINGER, Karl Albert (1999): Die Fossilien von Solnhofen, Band 2, Goldschneck-Verlag, Korb.
GEBAUER, Eva (2007): 10 x *Archaeopteryx*: was uns die einzelnen Funde erzählen! In: *Museumspädagogische Reihe der Senckenbergischen Naturforschenden Gesellschaft* **1**, S. 1–28, Frankfurt am Main.
GÖHLICH, Ursula B. / CHIAPPE, Luis M. (2006): A new carnivorous dinosaur from the Late Jurassic Solnhofen archipelago. In: *Nature,* 440: S. 329–332, London.
GÖHLICH, Ursula B. / TISCHLINGER, Helmut / CHIAPPE : Luis M. (2006): *Juravenator starki* (Reptilia,

Theropoda), ein neuer Raubdinosaurier aus dem Oberjura der südlichen Frankenalb. In: *Archaeopteryx,* **24,** S. 1–26, Eichstätt.

GÖHLICH, Ursula B. / CHIAPPE, Luis M. / TISCHLINGER, Helmut (2007): Soft tissue preservation in the skeleton of *Juravenator* (Theropoda, Coelurosauria) from Schamhaupten. In: HONE, David W. E. (Herausgeber): Flugsaurier – *The Wellnhofer Pterosaur Meeting, Munich; Bavarian State collection for Palaeontology;* 15.

HEILMANN, Gerhard (1916): Vor Nuvaerende Viden om Fuglenes Afstamming, Kopenhagen.

HEILMANN, Gerhard (1926). The Origin of Birds, Whiterby, London.

HOWGATE, Michael E. (1984): The teeth of *Archaeopteryx* and a reinterpretation of the Eichstätt specimen. In: *Zoological Journal of the Linnean Society,* **82:** S. 159–175, London und New York.

HOWGATE, Michael E. (1984): On the supposed difference between the teeth of the London and Berlin specimen of *Archaeopteryx lithographica.* In: Neues Jahrbuch für Geologie und Paläontologie Mh., 1984 (11): S. 654–660, Stuttgart.

HOWGATE, Michael E. (1985): Problems of the Osteology of *Archaeopteryx.* Is the Eichstätt Specimen a Distinc Genus? In: HECHT, Max K. / OSTROM, John H. / VIOHL, Günter / WELLNHOFER, Peter (Herausgeber): The beginnings of birds. In: *Proceedings of the International Archaeopteryx Conference Eichstätt 1984,* S. 105–112, Eichstätt.

GÖHLICH, Ursula B. / TISCHLINGER, Helmut (2012): *Juravenator* – der kleine Raubsaurier aus Süddeutschland. In: MARTIN, Thomas / KOENIGSWALD, Wighart von / RADKE, Gudrun / RUST, Jens (Herausgeber):

Paläontologie – 100 Jahre Paläontologische Gesellschaft: S. 126–127; München (Pfeil-Verlag).

HÄBERLEIN, Ernst (1877): Neue Funde von *Archaeopteryx*. In: *Leopoldina* **13**: S. 80, Halle/Saale.

HECHT, Max K. / OSTROM, John H. / VIOHL, Günter / WELLNHOFER, Peter (Herausgeber, 1985): The beginnings of birds. In: *Proceedings of the International Archaeopteryx Conference Eichstätt 1984.*

HEILMANN, Gerhard (1926): *The Origin of Birds*, London.

HEINEMANN, Pia (2009): Archaeoptery Nummner acht kehrt zurück. In: Die Welt, 26. Oktober 2009, Berlin. https://www.welt.de/wissenschaft/article4977981/Archaeopteryx-Nummer-acht-kehrt-zurueck.html

HUENE, Friedrich von (1901): Der vermeintliche Hautpanzer des *Compsognathus*. In: *Neues Jahrbuch für Mineralogie, Geologie und Paläontologie*, S. 157–160.

HUENE, Friedrich von (1925): Eine neue Rekonstruktion von *Compsognathus*. In: *Centralblatt für Mineralogie, Geologie und Paläontologie*, Abteilung **B (5)**, S. 157–160, Stuttgart.

HUXLEY, Thomas H. (1868): On the animals which are most nearly intermediate between birds and reptiles. In: *Geological Magazine*, **5**, S. 357–365.

HUXLEY, Thomas H. (1868): Remarks upon *Archaeopteryx lithographica*. In: *Proceedings of the Royal Society London* **16**, S. 243–248, London.

HUXLEY, Thomas H. (1870): On the classification of the dinosaurs, with observations on the dinosaurs of the Trias. In: *Quarterley Journal of the Geological Society*, **26**, S. 32–51.

JAKOB, Andreas (2004): Professor Dr. Florian Heller. In: BIELOHLAWEK-HÜBEL: Wer fand den Urvogel?, S. 29–30, Forum-Verlag, Riedstadt-Goddelau.

KAYE, Thomas G. / PITTMAN, Michael / MAYR, Gerald / SCHWARZ, Daniela / XU, Xing (2019): Detection of

lost calamus challenges identity of isolated *Archaeopterx*
feather. In: *Scientific Reports* **9,** Artikel number: 1182, 4.
Februar 2019.
https://www.nature.com/articles/s41598-018-37343-7
KELLER, Thomas / STORCH, Gerhard (Herausgeber,
2001): Hermann von Meyer. Frankfurter Bürger und
Begründer der Wirbeltierpaläontologie in Deutschland
(*Kleine Senckenberg-Reihe,* Nr. 40), Schweizerbart'sche
Verlagsbuchhandlung, Stuttgart.
KUNDRÁT, Martin / NUDDS, John / KEAR, Benjamin P.
/ LÜ, Junchang / AHLBERG, Per (2018): The first specimen
of *Archaeopteryx* from the Upper Jurassic Mörnsheim
Formation of Germany. In: *Historical Biology. An International
Journal of Paleobiology,* Volume 21, Issue 1.
LUDWIG-MAXIMILIANS-UNIVERSITÄT MÜNCHEN
(2012): Gefiederte Dinosaurier. Daunenweicher Dino
gefunden, 3. Juli 2012, München.
https://www.uni-muenchen.de/forschung/news/2012/f-27-12.html
LUGGER, Beatice (2006): Paläontologie. Spektakulärer
Dinosaurierfund in Bayern. In: *Focus Magazin, 15.* März 2006,
München.
https://www.focus.de/wissen/palaeontologie_aid_106221.html
LUGGER, Beatrice (2006): Dino-Expertin Ursula Göhlich:
„Ein echter Forscherkrimi". In: *Focus Magazin,* 17. März
2006, München.
https://www.focus.de/wissen/natur/palaeontologie_aid_106310.html
LUGGER, Beatrice (2006): Paläontologie: Federloses
Federvieh. In: Focus Magazin, 20. März 2006, München.
https://www.focus.de/wissen/natur/palaeontologie-federloses-federvieh_aid_215099.html

MALZ, Heinz: Solnhofener Plattenkalk (1976): Eine Welt in Stein, herausgegeben von Dr. Theo Kress, Maxberg.
MARTIUS, Carl Friedrich Philipp von (1862): Denkrede auf Joh. Andreas Wagner. Gehalten in der öffentlichen Sitzung am 28. November 1862. Verlag der Akademie, München.
MAYR, Gerald / POHL, Burkhard / HARTMAN, Scott / PETERS, D. Stefan (2005): A Well-Preserved *Archaeopteryx* Specimen with Theropod Features. In: *Science,* 310, 1483–1486, Washington.
MAYR, Gerald / HARTMAN, Scott / PETERS, D. Stefan (2007): The tenth skeletal specimen of *Archaeopteryx.* In: *Zoological Journal of the Linnean Society,* **149,** Nr. 1, S. 97–116, London.
MECKL, Manfred (1995): *Archaeopteryx.* Ein befiederter Dinosaurier wird als Stammvater der Vögel entlarvt, Braun Verlag, Fürstenfeldbruck.
MÄUSER, Matthias (1983): Neue Gedanken über *Compsognathus longipes* WAGNER und dessen Fundort. In: *Weltenburger Akademie,* Erwin-Rutte-Festschrift, S. 157–162, Kelheim, Weltenburg.
MERKE BIOGRAFIEN: Sir Richard Owen (1804–1892) https://merke.ch/biografien-biologen/sir-richard-owen/
MEYER, Hermann von (1860): Zur Fauna der Vorwelt. Reptilien aus dem lithographischen Schiefer des Jura in Deutschland und Frankreich. H. Keller, Frankfurt am Main.
MEYER, Hermann von (1861): Briefliche Mitteilung über Vogel-Federn und Palpipes von Solnhofen. In: *Neues Jahrbuch für Mineralogie, Geognosie, Geologie und Petrefakten-Kunde,* S. 561, Stuttgart.
MEYER, Hermann von (1861): Briefliche Mitteilung über *Archaeopteryx lithographica* (Vogel-Feder) und *Pterodactylus* von Solenhofen. In: *Neues Jahrbuch für Mineralogie, Geognosie,*

Geologie und Petrefakten-Kunde, S. 678–679, Stuttgart.
MEYER, Hermann von (1862): *Archaeopteryx lithographica* aus dem lithographischen Schiefer von Solenhofen. In: *Palaeontographica* **10:** S. 53–56, Stuttgart.
MOSER, Markus (2017): Der Sammler Dr. Joseph Oberndorfer und seine Fossilien-Sammlung – ein Beitrag zur Geschichte der Paläontologie in Bayern und zur Frage der Fundorte im Raum Kelheim. *Zitteliana* **90,** S. 55–142, München.
NOPCSA, Franz von (1903): Neues über *Compsognathus.* In: *Neues Jahrbuch für Mineralogie, Geologie und Paläontologie,* S. 467–494, Stuttgart.
OSTROM, John H. (1970): *Archaeopteryx.* Notice of a „new" specimen. In: *Science* 170, S. 537–538, Washington D.C.
OSTROM, John H. (1972): Description of the *Archaeopteryx* specimen in the Teyler Museum, Haarlem. In: *Proceedings of the Koninklijke Nederlandse Akademie van Wetenschapen* **B75:** S. 289–305, Amsterdam.
OSTROM, John H. (1978): A surprise from Solnhofen in the Peabody Museum collections. In: *Discove*ry (13) 1, S. 31–37.
OSTROM, John H. (1978): The osteology of *Compsognathus longipes* WAGNER. In: *Zitteliana,* **4,** S. 73–118, München.
OWEN, Richard (1863): On the *Archaeopteryx* of von Meyer, with a Description of a long-tailed species from the Lithographic stone of Solenhofen. In: *Philosophical Transactions of the Royal Society, London,* CLIII, S. 33.
PFUND, Johanna (2018): So spannend wie die Suche nach Gold. Der Tierarzt Burkhard Pohl besitzt einzigartige Fossilen, eine Ranch in Wyoming und ein eigenes Dino-Museum. Was treibt einen Menschen an, nach Überresten vergangener Zeiten zu graben? Süddeutsche Zeitung,

18. Mai 2018, München.
https://www.sueddeutsche.de/muenchen/palaeontologie-so-spannend-wie-die-suche-nach-gold-1.3979287
PODBREGAR, Nadja (2019): *Archaeopteryx*-Feder ist gar keine. Vermeintliche Feder des berühmten Urvogels könnte stattdessen von einem gefiederten Dinosaurier stammen. In: Scinexx, 5. Februar 2019
https://www.scinexx.de/news/geowissen/archaeopteryx-feder-ist-gar-keine
PROBST, Ernst (1986): Deutschland in der Urzeit. Von der Entstehung des Lebens bis zum Ende der Eiszeit,
C. Bertelsmann, München.
PROBST, Ernst (2010): Dinosaurier von A bis K. Von Abelisaurus bis zu Kritosaurus, GRIN, München.
PROBST, Ernst (2010): Dinosaurier von L bis Z. Von Labocania bis Zupaysaurus, GRIN, München.
PROBST, Ernst (2012): Die Urvögel aus Bayern, GRIN, München.
RAUHUT, Oliver Walter Mischa / FOTH, Christian / TISCHLINGER, Helmut / NORELL, Mark A. (2012): An exceptionally preserved juvenile megalosauroid theropod dinosaur with filamentous integument from the Late Jurassic of Germany. In: *Proceedings of the National Academy of Sciences*. Bd. **109**, Nr. 29, 2012, S. 11746–11751, published online; doi/10.1073/pnas.1203238109.
RAUHUT, Oliver Walter Mischa / TISCHLINGER, Helmut (2015): *Archaeopteryx*. In: ARRATIA, Gloria / SCHULTZE, Hans-Peter / TISCHLINGER, Helmut / VIOHL, Günter (Herausgeber): Solnhofen, ein Fenster in die Jurazeit, S. 491–507, Pfeil-Verlag, München.
RAUHUT, Oliver Walter Mischa / FOTH, Christian (2018): Da waren's nur noch 11 – Neue Erkenntnisse zur *Archaeopteryx*: Das Haarlemer Exemplar. *Freunde der*

Bayerischen Staatssammlung für Paläontologie und Historische Geologie München e. V. Jahresbericht 2017 und Mitteilungen **46,** S. 23–33.

RAUHUT, Oliver Walter Mischa / FOTH, Christian / TISCHLINGER, Helmut (2018): The oldest *Archaeopteryx* (Theropoda: Avialiae): a new specimen from the Kimmeridgian/Tithonian boundary of Schamhaupten, Bavaria. In: *PeerJ* 6:e4191 https://doi.org/10.7717/peerj.4191

RAUHUT, Oliver Walter Mischa / TISCHLINGER, Helmut / FOTH, Christian (2019): A non-archaeopterygid bird (Dinosauria; Theropoda; Avialae) from the Late Jurassic of southern Germany. In: *eLife* 8:e43789.

REDL, Hermann (2018) Von „steinhart" keine Spur. In: Eichstätter Kurier, 11. Februar 2018, Eichstätt.

RENESTO, Silvio / VIOHL, Günter (1997): A Sphenodontid (Reptilia, Diapsida) from the Late Kimmeridgian of Schamhaupten (Southern Franconian Alb, Bavaria, Germany). In: *Archaeopteryx,* **15:** S. 27–46, Eichstätt.

RÖPER, Martin / ROTHGÄNGER, Monika (2012): Altmühltal: Im Reich des Archaeopteryx, Quelle & Meyer-Verlag, Wiebelsheim.

SAUTER, MARTIN (2010): Der Urvogel *Archaeopteryx,* GRIN, München.

SCHARF, Karl-Heinz / TISCHLINGER, Helmut (1994): Das siebte *Archaeopteryx*-Exemplar aus den Solnhofener Schichten. In: *Praxis der Naturwissenschaften – Biologie in der Schule,* **43**/7: S. 26, Hallbergmoos bei München.

SCHARF, Karl-Heinz / TISCHLINGER, Helmut (Herausgeber) (1998): Urvögel. In: *Praxis der Naturwissenschaften – Biologie in der Schule,* **47**/5: 50 S., 2 Folien, Hallbergmoos bei München.

SENNINGER, Frida / VIOHL, Günter (1984): Franz X.

Mayr. Ein Leben für Gott und die Natur, Brönner & Daentler, Eichstätt.
SPIEGEL ONLINE (2011): Sensationsfund in Bayern. Erstmals vollständiges Saurierskelett in Europa entdeckt, 20. Oktober 2011, München (Anmerkung des Autors dieses Taschenbuches: In Deutschland und im übrigen Europa sind viele Skelette von Land-, Meeres- und Flugsauriern sowie Dinosauriern entdeckt worden!)
https://www.spiegel.de/wissenschaft/natur/sensationsfund-in-bayern-erstmals-vollstaendiges-saurierskelett-in-europa-entdeckt-a-791441.html
STEINER, Walter (1993): Europa in der Urzeit, Mosaik-Verlag, München.
STEPHAN, Burkhard (1979): Urvögel, A. Ziemsen Verlag, Wittenberg Lutherstadt 1979.
STROMER, Ernst von Reichenbach (1934): Die Zähne des *Compsognathus* und Bemerkungen über das Gebiß der Theropoda. In: *Centralblatt für Mineralogie, Geologie und Paläontologie,* Abteilung B, Nr. 2, S. 74–85, Stuttgart.
TISCHLINGER, Helmut (1973): Vorstellung des zweiten vollständig erhaltenen *Archaeopteryx* bei der Gründung des Vereins „Freunde des Jura-Museums Eichstätt". In: *Aufschluß. Zeitschrift für die Freunde der Mineralogie und Geologie,* **24:** S. 361–364, Heidelberg.
TISCHLINGER, Helmut (1985): Eine der ersten Abbildungen des Berliner Urvogels. In: *Archaeopteryx,* **3:** S. 37–41, Eichstätt.
TISCHLINGER, Helmut (1986): Vorbereitung und Durchführung eines Steinbruchbesuchs im Solnhofener Plattenkalk. In: *Praxis der Naturwissenschaften – Biologie in der Schule,* **35/4:** S. 25–30, Hallbergmoos bei München.
TISCHLINGER, Helmut (1998): Vom Leben und Sterben der Urvögel – Palökologie und Taphonomie der

Archaeopteryx-Funde. In: *Praxis der Naturwissenschaften – Biologie in der Schule,* **47**/5: S. 3–10, + 1 Folie, Hallbergmoos bei München.
TISCHLINGER, Helmut (2002): Der Eichstätter *Archaeopteryx* im langwelligen UV-Licht. In: *Archaeopteryx,* **20**: S. 21–38, Eichstätt.
TISCHLINGER, Helmut (2005): Neue Informationen zum Berliner Exemplar von *Archaeopteryx lithographica* H.v.MEYER 1861. In: *Archaeopteryx,* **23**: S. 33–50, Eichstätt.
TISCHLINGER, Helmut (2009): Der achte *Archaeopteryx* – das Daitinger Exemplar. In: *Archaeopteryx,* **27**: S. 1–20, Eichstätt.
TISCHLINGER, Helmut (2009): Konkurrenz für den *Archaeopteryx*? In: *Globulus. Beiträge der Natur- und kulturwissenschaftlichen Gesellschaft e.V. Eichstätt,* **14**: S. 99–114.
TISCHLINGER, Helmut (2011): Neues vom *Archaeopteryx* – Auch nach 150 Jahren ist der Urvogel eine Ikone der Paläontologie. In: *Praxis der Naturwissenschaften – Biologie in der Schule,* **4**/60 (2011): S. 6–13, Hallbergmoos bei München.
TISCHLINGER, Helmut (2013): Das „Eichhörnchen" aus dem Jurameer. In: *Globulus. Beiträge der Natur- und kulturwissenschaftlichen Gesellschaft e.V. Eichstätt,* **17**: S. 139–148.
TISCHLINGER, Helmut (2015): Arbeiten mit ultraviolettem Licht. In: ARRATIA, Gloria / SCHULTZE, Hans-Peter / TISCHLINGER, Helmut / VIOHL, Günter (Herausgeber): Solnhofen, ein Fenster in die Jurazeit: S. 109, Pfeil-Verlag, München.
TISCHLINGER, Helmut / SCHARF, Karl-Heinz (1998): Das 8. *Archaeopteryx*-Exemplar. In: *Praxis der Naturwissenschaften – Biologie in der Schule,* **47**/5: S. 1–2, + 1 Folie, Hallbergmoos bei München.

TISCHLINGER, Helmut / UNWIN, David (2004): UV-Untersuchungen des Berliner Exemplars von *Archaeopteryx lithographica* H.v.MEYER 1861 und der isolierten *Archaeopteryx*-Feder. In: *Archaeopteryx,* **22**: S. 17–50, Eichstätt.
TISCHLINGER, Helmut / GÖHLICH, Ursula B. / CHIAPPE, Luis M. (2006): Borsti, der Dinosaurier aus dem Schambachtal – Erfolgsstory mit Hindernissen. In: *Fossilien,* **23**/5: S. 278–287, edition Goldschneck im Quelle & Meyer-Verlag, Wiebelsheim.
TISCHLINGER, Helmut / GÖHLICH, Ursula B. (2007): Dinosaurier im Altmühljura. In: *Globulus. Beiträge der Natur- und kulturwissenschaftlichen Gesellschaft e.V. Eichstätt,* **13**: S. 73–82.
TISCHLINGER, Helmut / GÖHLICH, Ursula B. (2012): *Juravenator* – der kleine Raubsaurier aus Süddeutschland. In: MARTIN, Thomas / KOENIGSWALD, Wighart von / RADKE, Gudrun / RUST, Jens (Herausgeber): Paläontologie – 100 Jahre Paläontologische Gesellschaft; 126; München (Pfeil-Verlag).
TISCHLINGER, Helmut / GÖHLICH, Ursula B. / RAUHUT, Oliver Walter Mischa (2015): Raubdinosaurier (Theropoda). In: ARRATIA, Gloria / SCHULTZE, Hans-Peter / TISCHLINGER, Helmut / VIOHL, Günter (Herausgeber): Solnhofen, ein Fenster in die Jurazeit: S. 481–490, Pfeil-Verlag, München.
VIOHL, Günther (1985): Carl F. and Ernst Häberlein, the Sellers of the London and Berlin specimens of *Archaeopteryx.* In: HECHT, Max K. / OSTROM, John H. / VIOHL, Günter / WELLNHOFER, Peter (Herausgeber, 1985): The beginnings of birds. In: *Proceedings of the International Archaeopteryx Conference Eichstätt 1984,* 349–352, Eichstätt.

WIKIPEDIA (Online-Lexikon): *Archaeopteryx*
https://de.wikipedia.org/wiki/Archaeopteryx
WIKIPEDIA (Online-Lexikion): Ursula B. Göhlich
https://de.wikipedia.org/wiki/Ursula_B._G%C3%B6hlich
WIKIPEDIA (Online-Lexikon): John H. Ostrom
https://de.wikipedia.org/wiki/John_Ostrom
VIOHL, Günther (1999: Fund eines neuen kleinen Theropoden. In: *Archaeopteryx*, **17:** S. 15–19, Eichstätt.
VIOHL, Günter (2004): Franz Xaver Mayr. In: BIELOHLAWEK-HÜBEL: Wer fand den Urvogel?, S. 77–78, Forum-Verlag, Riedstadt-Goddelau.
VIOHL, Günter / ZAPP, Manfred (2005): Schamhaupten, an outstanding Fossil-Lagerstätte in a Silicified Plattenkalk (Kimmeridgian-Tithonian Boundary, Southern Franconian Alb, Bavaria). In: *Zitteliana*, **(B) 26:** S. 26–27, München.
VÖLKL, Pino (1999): Sensationeller Saurierfund. In: *Der Präparator*, **45**(4), S. 145–150.
WAGNER, Andreas (1859): Über einige, im lithographischen Schiefer neu aufgefundene Schildkröten und Saurier. Gelehrte Anzeigen der k. bayerischen Akademie der Wissenschaften **48** (69): S. 553 (21. 12. 1859), München.
WAGNER, Andreas (1861): Über ein neues, angeblich mit Vogelfedern versehenes Reptil aus dem Solnhofener Schiefer. Sitzungsberichte der königlich bayerischen Akademie der Wissenschaften **2,** S. 146–154, München.
WAGNER, Andreas (1861): Neue Beiträge zur Kenntnis der urweltlichen Fauna des lithographischen Schiefers. II: Schildkröten und Saurier. V. *Compsognathus longipes* Wagn. *Abhandlungen der königlich bayerischen Akademie der Wissenschaften, II. Classe,* **9**(1), S. 30–38, München.
WAGNER, Andreas (1862): Neu-aufgefundene Saurier-Ueberreste aus den lithographischen Schiefern und dem

obern Jurakalke. In: *Abhandlungen der Mathematisch-physikalischen Classe der Königlich-bayerischen Akademie der Wissenschaften,* Band **6:** Abt.3: Nr. 2 (1850–1852).
WANDTNER, Reinhard (2017): Falscher Urvogel entlarvt. Der Gefiederte mit Migrationshintergrund. In: Frankfurter Allgemeine Zeitung, Wissen, 30. Dezember 2017
https://www.faz.net/aktuell/wissen/der-gefiederte-mit-migrationshintergrund-15355803.html
WAS IST WAS? *Juravenator starki* – Das Fossil des Jahres 2009
https://www.wasistwas.de/archiv-natur-tiere-details/juravenator-starki-das-fossil-des-jahres-2009.html
WELLNHOFER, Peter (1969). Die Pterodactyloidea (Pterosauria) der Oberjura-Plattenkalke Süddeutschlands. In: *Bayerische Akademie der Wissenschaften, Mathematisch-naturwissenschaftliche Klasse, Abhandlungen,* Neue Folge, Heft 141, München 1970.
WELLNHOFER, Peter (1974): Das fünfte Skelettexemplar von *Archaeopteryx.* In: *Palaeontographica* **A 147:** S. 169–216, Stuttgart.
WELLHOFER, Peter (1983): Das siebte Exemplar von *Archaeopteryx* aus den Solnhofen Schichten. In: Archaeopteryx **11:** S. 1–47, Eichstätt.
WELLNHOFER, Peter (1985): The Story of Albert Oppel's *Archaeopteryx* Drawing. In: HECHT, Max K. / OSTROM, John H. / VIOHL, Günter / WELLNHOFER, Peter (Herausgeber): The beginnings of birds. *Proceedings of the International Archaeopteryx Conference Eichstätt 1984,* S. 353–357.
WELLNHOFER, Peter (1993): Die große Enzyklopädie der Flugsaurier, MosaikVerlag, München.
WELLNHOFER, Peter (1995): Specimina historica. *Compsognathus longipes* Wagner 1859 (Inv. Nr. AS I 563).

Freunde der Bayerischen Staatssammlung für Paläontologie und historische Geologie München e. V., Jahresbericht 1995 und Mitteilungen, **24,** S. 21–39.
WELLNHOFER, Peter (1995): Urvogel *Archaeopteryx* – Abstammung, Entwicklung , Lebensraum. Herausgegeben anlässlich der Sonderschau des Fördervereins „Freunde der Bayerischen Staatssammlung für Paläontologie und historische Geologie München e. V." auf den 32. Mineralientagen München.
WELLNHOFER, Peter (1999): Der bayerische Urvogel – *Archaeopteryx bavarica,* aus den Solnhofener Schichten, *Kulturstiftung der Länder, Patrimonia* Nr. 177, München.
WELLHOFER, Peter (2001): Hermann von Meyer und der Solnhofener Urvogel *Archaeopteryx* lithographica. In: KELLER, Thomas / STORCH, Gerhard (Herausgeber): Hermann von Meyer. Frankfurter Bürger und Begründer der Wirbeltierpaläontologie in Deutschland (*Kleine Senckenberg-Reihe,* Nr. 40), S. 11, Schweizerbart'sche Verlagsbuchhandlung, Stuttgart.
WELLNHOFER, Peter (2008): Der Urvogel von Solnhofen, Pfeil-Verlag, München.
WELLHOFER, Peter / RÖPER, Martin (2005): Das neunte *Archaeopteryx*-Exemplar von Solnhofen: zum Gedenken an John H. Ostrom. In: *Archaeopteryx,* **23**: S. 3–21, Eichstätt.
WELLNHOFER, Peter / TISCHLINGER, Helmut (2004): Das „Brustbein" von *Archaeopteryx bavarica* WELLNHOFER 1993 – eine Revision. In: *Archaeopteryx,* **22**: S. 3–15, Eichstätt.
WILD, Rupert (2001): Hermann von Meyer als Erforscher der fossilen Reptilien. In: KELLER, Thomas / STORCH, Gerhard (Herausgeber): Hermann von Meyer. Frankfurter Bürger und Begründer der Wirbeltierpaläontologie in

Deutschland (*Kleine Senckenberg-Reihe,* Nr. 40), S. 42, Schweizerbart'sche Verlagsbuchhandlung, Stuttgart.

WILFARTH, Martin (1937): Deutungsversuch der Fährte *Kouphichnium.* In: *Centralblatt für Mineralogie, Geologie und Paläontologie,* Abteilung B, S. 329–333, Stuttgart.

WINDOLF, Raymund (1989): Dinosaurier-Lexikon. Das aktuelle Wissen über die Dinosaurier, von ihren Anfängen bis zum Aussterben, Goldschneck-Verlag, Korb.

ZITTEL, Karl Alfred von (1870): Denkschrift auf Christ. Erich Hermann von Meyer, G. Franz, München.

Autor Ernst Probst,
Foto: Klaus Benz, Fotograf, Mainz-Laubenheim

Der Autor

Ernst Probst, 1946 in Neunburg vorm Wald (Oberpfalz) geboren, war von 1973 bis 2001 verantwortlicher Redakteur bei der „Allgemeinen Zeitung" in Mainz und betätigte sich in seiner Freizeit als Wissenschaftsautor. Ab 1977 beschäftigte er sich mit der Erdgeschichte Deutschlands, zunächst als Fossiliensammler im Mainzer Becken, später als Verfasser von Artikeln für Tages- und Wochenzeitungen in Deutschland, Österreich und der Schweiz. Die „Welt" nannte sein 1986 erschienenes Buch „Deutschland in der Urzeit" ein „Glanzstück deutscher Wissenschaftspublizistik". Bis heute veröffentlichte er mehr als 300 Bücher, Taschenbücher und Broschüren aus den Themenbereichen Paläontologie, Kryptozoologie, Archäologie und Geschichte. Er schrieb über Dinosaurier, Raubkatzen, Rüsseltiere, Menschenaffen, den Ur-Rhein, das Eiszeitalter, Höhlenbären und berühmte Paläontologen wie Hermann von Meyer, Johann Jakob Kaup und Ernst Stromer von Reichenbach.

Bücher von Ernst Probst

(Auswahl)

Als Mainz noch nicht am Rhein lag
Der Europäische Jaguar
Der Mosbacher Löwe. Die riesige Raubkatze aus Wiesbaden
Der Rhein-Elefant. Das Schreckenstier von Eppelsheim
Der Ur-Rhein. Rheinhessen vor zehn Millionen Jahren
Deutschland im Eiszeitalter
Deutschland in der Frühbronzezeit
Deutschland in der Mittelbronzezeit
Deutschland in der Spätbronzezeit
Die Aunjetitzer Kultur in Deutschland
Die Straubinger Kultur in Deutschland
Die Singener Gruppe
Die Arbon-Kultur in Deutschland
Die Ries-Gruppe und die Neckar-Gruppe
Die Adlerberg-Kultur
Der Sögel-Wohlde-Kreis
Die nordische Bronzezeit in Deutschland
Die Hügelgräber-Kultur in Deutschland
Die ältere Bronzezeit in Nordrhein-Westfalen
Die Bronzezeit in der Lüneburger Heide
Die Stader Gruppe
Die Oldenburg-emsländische Gruppe
Die Urnenfelder-Kultur in Deutschland
Die ältere Niederrheinische Grabhügel-Kultur
Die Unstrut-Gruppe
Die Helmsdorfer Gruppe
Die Saalemündungs-Gruppe
Die Lausitzer Kultur in Deutschland

Die Dolchzahnkatze Megantereon
Die Dolchzahnkatze Smilodon
Die Säbelzahnkatze Homotherium
Die Säbelzahnkatze Machairodus
Die Schweiz in der Frühbronzezeit
Die Rhône-Kultur in der Westschweiz
Die Arbon-Kultur in der Schweiz
Die Schweiz in der Mittelbronzezeit
Die Schweiz in der Spätbronzezeit
Deutschland in der Urzeit. Von der Entstehung des Lebens bis zum Ende der Eiszeit
Deutschland in der Steinzeit. Jäger, Fischer und Bauern zwischen Nordseeküste und Alpenraum
Deutschland in der Bronzezeit. Bauern, Bronzegießer und Burgherren zwischen Nordsee und Alpen
Flugsaurier in Deutswchland. Von Dorygnathus bis zu Targaryendraco
Dinosaurier in Deutschland (zusammen mit Raymund Windolf)
Dinosaurier von A bis K. Von Abelisaurus bis zu Kritosaurus
Dinosaurier von L bis Z. Von Labocania bis zu Zupaysaurus
Dinosaurier in Bayern. Von Cetiosauriscus bis zu Sciurumimus
Der rätselhafte Spinosaurus. Leben und Werk des Forschers Ernst Stromer von Reichenbach
Plateosaurus. Der Deutsche Lindwurm (zusammen mit Raymund Windolf)
Liliensternus. Ein Raubdinosaurier aus der Triaszeit (zusammen mit Raymund Windolf)
Procompsognathus. Zwei Köpfe und eine geheimnisvolle Hand (zusammen mit Raymund Windolf)
Ohmdenosaurus. Die Echse aus Ohmden (zusammen mit

Raymund Windolf)
Emausaurus. Der erste Dinosaurier aus Mecklenburg-Vorpommern (zusammen mit Raymund Windolf)
Wiehenvenator. Der Jäger des Wiehengebirges
Lexovisaurus. Kein Stegosaurier im Wiehengebirge (zusammen mit Raymund Windolf)
Barkhausen. Dinosaurierspuren an der Wand (zusammen mit Raymund Windolf)
Compsognathus. Der Zwergdinosaurier aus Bayern (zusammen mit Raymund Windolf)
Juravenator. Der Jäger des Juragebirges
Stenopelix. Papageienschnabel oder Dickschädel? (zusammen mit Raymund Windolf)
Münchehagen. Riesendinosaurier am Strand (zusammen mit Raymund Windolf)
Hermann von Meyer. Der große Naturforscher aus Frankfurt am Main
Eiszeitliche Geparde in Deutschland
Eiszeitliche Leoparden in Deutschland
Höhlenlöwen. Raubkatzen im Eiszeitalter
Johann Jakob Kaup. Der große Naturforscher aus Darmstadt
Monstern auf der Spur. Wie die Sagen über Drachen, Riesen und Einhörner entstanden
Neues vom Ur-Rhein. Interview mit dem Geologen und Paläontologen Dr. Jens Sommer
Österreich in der Frühbronzezeit
Österreich in der Mittelbronzezeit
Österreich in der Spätbronzezeit
Raub-Dinosaurier von A bis Z. Mit Zeichnungen von Dmitry Bogdanav und Nobu Tamura
Rekorde der Urmenschen. Erfindungen, Kunst und Religion
Rekorde der Urzeit. Landschaften, Pflanzen und Tiere

Säbelzahnkatzen. Von Machairodus bis zu Smilodon
Säbelzahntiger am Ur-Rhein. Machairodus und Paramachairodus
Was ist ein Menhir? Interview mit dem Mainzer Archäologen Dr. Detert Zylmann
Wer ist der kleinste Dinosaurier? Interviews mit dem Wissenschaftsautor Ernst Probst
Wer war der Stammvater der Insekten? Interview mit dem Stuttgarter Biologen und Paläontologen Dr. Günther Bechly
Kastel in der Vorzeit. Von der Jungsteinzeit bis Christi Geburt
Kostheim in der Vorzeit. Von der Jungsteinzeit bis Christi Geburt
Die Altsteinzeit. Eine Periode der Steinzeit in Europa vor etwa 1.000.000 bis 10.000 Jahren
Anno. 1.000.000. Deutschland in der älteren Altsteinzeit
Wiesbaden in der Steinzeit. Von Eiszeit-Jägern zu frühen Bauern
Österreich in der Altsteinzeit. Vor 250.000 bis 10.000 Jahren
Das Protoacheuléen. Eine Kulturstufe der Altsteinzeit vor etwa 1,2 Millionen bis 600.000 Jahren
Das Altacheuléen. Eine Kulturstufe der Altsteinzeit vor etwa 600.000 bis 350.000 Jahren
Das Jungacheuléen. Eine Kulturstufe der Altsteinzeit vor etwa 350.000 bis 150.000 Jahren
Das Moustérien. Die große Zeit der Neanderthaler
Das Moustérien in Österreich. Eine Kulturstufe der Altsteinzeit
Das Aurignacien. Eine Kulturstufe der Altsteinzeit vor etwa 35.000 bis 29.000 Jahren
Das Aurignacien in Österreich. Eine Kulturstufe der Altsteinzeit

Das Gravettien. Eine Kulturstufe der Altsteinzeit vor etwa 28.000 bis 21.000 Jahren
Das Gravettien in Österreich. Eine Kulturstufe der Altsteinzeit
Das Magdalénien. Die Blütezeit der Rentierjäger vor etwa 15.000 bis 11.500 Jahren
Das Magdalénien in Österreich. Eine Kulturstufe der Altsteinzeit
Die Federmesser-Gruppen. Eine Kulturstufe der Altsteinzeit vor etwa 12.000 bis 10.700 Jahren
Die Mittelsteinzeit. Eine Periode der Steinzeit vor etwa 8.000 bis 5.000 v. Chr.
Die Mittelsteinzeit in Baden-Württemberg
Die Mittelsteinzeit in Bayern
Die Mittelsteinzeit in Nordrhein-Westfalen
Die Jungsteinzeit. Eine Periode der Steinzeit vor etwa 5.500 bis 2.300 v. Chr.
Die ersten Bauern in Deutschland. Die Linienbandkeramische Kultur (5.500 bis 4.900 v. Chr.)
Die Ertebölle-Ellerbek-Kultur. Eine Kultur der Jungsteinzeit vor etwa 5.000 bis 4.300 v. Chr.
Die Stichbandkeramik. Eine Kultur der Jungsteinzeit vor etwa 4.900 bis 4.500 v. Chr.
Die Hinkelstein-Gruppe. Eine Kulturstufe der Jungsteinzeit vor etwa 4.900 bis 4.800 v. Chr.
Die Rössener Kultur. Eine Kultur der Jungsteinzeit vor etwa 4.600 bis 4.300 v. Chr.
Die Baalberger Kultur. Eine Kultur der Jungsteinzeit vor etwa 4.300 bis 3.700 v. Chr.
Die Michelsberger Kultur. Eine Kultur der Jungsteinzeit vor etwa 4.300 bis 3.500 v. Chr.
Die Kupferzeit. Wie die ersten Metalle in Mitteleuropa bekannt wurden

Pfahlbauten in Süddeutschland. Dörfer der Jungsteinzeit
und Bronzezeit an Seen, Mooren und Flüssen
Die Salzmünder Kultur. Eine Kultur der Jungsteinzeit vor
etwa 3.700 bis 3.200 v. Chr.
Die Wartberg-Kultur. Eine Kultur der Jungsteinzeit vor
etwa 3.500 bis 2.800 v. Chr.
Die Chamer Gruppe. Eine Kulturstufe der Jungsteinzeit vor
etwa 3.500 bis 2.700 v. Chr.
Die Walternienburg-Bernburger Kultur. Eine Kultur der
Jungsteinzeit vor etwa 3.200 bis 2.800 v. Chr.
Die Kugelamphoren-Kultur. Eine Kultur der Jungsteinzeit
vor etwa 3.100 bis 2.700 v. Chr.
Die Schnurkeramischen Kulturen. Kulturen der
Jungsteinzeit vor etwa 2.800 bis 2.400 v. Chr.
Die Glockenbecher-Kultur. Eine Kultur der Jungsteinzeit
vor etwa 2.500 bis 2.200 v. Chr.

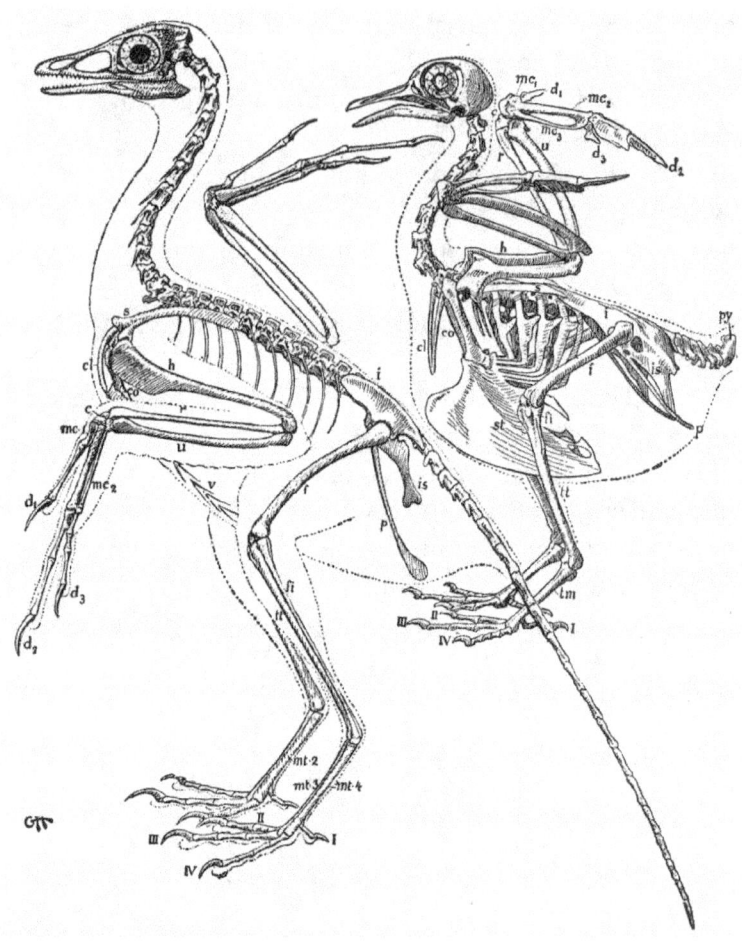

*Skelett des Urvogels Archaeopteryx (links)
und einer heutigen Taube (rechts).
Zeichnung des dänischen Künstlers, Amateur-Ornithologen
und Paläontologen Gerhard Heilmann (1859–1946) aus dem Buch
„Vor Nuvaerende Viden om Fuglenes Afstamming" (1916)*

*Lebensbild von Vorvögeln (Proavis),
geschaffen von dem dänischen Künstler, Amateur-Ornithologen und
Paläontologen Gerhard Heilmann (1859–1946).
Zeichnung aus Gerhard Heilmann:
„Vor Nuvaerende Viden om Fuglenes Afstamming" (1916)*